Neues Pharmazeutisches Manual.

Herausgegeben

von

Eugen Dieterich.

Neunte, vermehrte und verbesserte Auflage.

748 Seiten Lex.-8°.

Mit in den Text gedruckten Holzschnitten.

In Moleskin gebunden Preis M. 16,—,
mit Schreibpapier durchschossen und in Moleskin gebunden M. 18,—.

Auch in 14 Lieferungen zum Preise von je M. 1,— erhältlich.

Helfenberger Annalen
1904.

Band XVII.

Im Auftrage der

Chemischen Fabrik Helfenberg A. G.

vorm. Eugen Dieterich

herausgegeben von

KARL DIETERICH.

Springer-Verlag Berlin Heidelberg GmbH 1905

ISBN 978-3-662-32079-2   ISBN 978-3-662-32906-1 (eBook)
DOI 10.1007/978-3-662-32906-1

Vorwort.

enn im Vergleich zu den Vorjahren der heutige Band der Annalen nicht so umfangreich und so ausführlich ausgefallen ist, wenn diesmal keine grösseren experimentellen Arbeiten in demselben enthalten sind, so ist dies in erster Linie darauf zurückzuführen, dass die grossen Umsätze der Fabrik, der gesteigerte Einkauf von Rohmaterialien auch eine stets steigende Arbeitslast für die analytische Abteilung im Gefolge hatte. Die grössere Vorsicht beim Einkauf, die rationellere Fabrikation bedingen auch eingehendere Versuche im Laboratorium, die wohl im Resultat der Ergebnisse des Jahres ihren Abschluss finden und einen lohnenden Verdienst bringen, die aber als interne Vorgänge und Untersuchungen nicht in den Annalen veröffentlicht werden können, da sie zum Teil Vorteile und Geheimnisse der hiesigen Fabrik bilden und der Öffentlichkeit entzogen werden müssen.

Gerade in der Zeit der schlechten Erwerbsverhältnisse ist es von doppeltem Wert und grösster Notwendigkeit, jegliche Garantie für die Güte der Helfenberger Präparate zu bieten, eine Garantie, die nur in wissenschaftlichen Untersuchungen und wissenschaftlicher Kontrolle Ausdruck finden kann, da die Apotheker und Ärzte als Hauptinteressenten der hiesigen Arzneimittel hierauf in erster Linie Wert legen. Von dem Inhalt der Annalen möchten wir ausser den laufenden Untersuchungsergebnissen speziell auf die Fortsetzung der Kautschukanalyse, weiterhin auf die der individuellen Drogenuntersuchung und auf die Eingangs abgedruckte Abhandlung über „moderne Arzneimittelfabrikation" hinweisen. Auch die Untersuchungen über Westrumit, das bekannteste Antistaubmittel, welches als technisches Präparat unter der Abteilung: „Untersuchungen technischer Artikel" neben anderen Präparaten nähere Beschreibung findet, dürfte gerade hier besonders interessieren, als ja die Staubfrage in engerem Zusammenhang mit der Hygiene steht, welche dem angewandten Chemiker wie dem Arzt oft genug in praxi Veranlassung gibt, sich mit diesem Zweig der Wissenschaft zu beschäftigen.

Bei der Herausgabe der diesjährigen Annalen, wie bei der Bearbeitung der experimentellen Fragen hat sich als altbewährter Mitarbeiter Herr Laboratoriumsvorstand H. Mix verdient gemacht, der in ebenso anerkennenswerter Weise, speziell für die laufenden Untersuchungen, von den Apothekern Herren Müller und Weinhagen unterstützt wurde. So mögen denn auch die diesjährigen Annalen ein Zeugnis für das wissenschaftliche Streben der hiesigen Fabrik ablegen, und wie in den vorhergehenden Jahren eine ebenso wohlwollende Aufnahme bei Freunden und Gönnern finden.

Helfenberg, Juni 1905.

Karl Dieterich.

Inhalts-Verzeichnis

siehe am Schluss.

Definitionen und Abkürzungen
der wichtigsten analytischen Zahlen - Konstanten.

a) für Harzkörper nach *K. Dieterich*.*)

Definition
der

1. Säurezahl (direkt und durch Rücktitration bestimmt) = S.-Z. d. u. S.-Z. ind.: Die Anzahl Milligramme KOH, welche die freie Säure von 1 g Harz bei der direkten oder Rücktitration zu binden vermag

2. Säurezahl (der flüchtigen Anteile) = S.-Z. f : Die Anzahl Milligramme KOH, welche 500 g Destillat von 0,5 g Gummiharz (Ammoniacum, Galbanum), mit Wasserdämpfen abdestilliert, zu binden vermögen.

3. Verseifungszahl (auf heissem und kaltem Wege) = V.-Z. h. u. V.-Z. k.: Die Anzahl Milligramme KOH, welche 1 g Harz bei der Verseifung auf heissem oder kaltem Wege zu binden vermag.

4. Harzzahl = H.-Z.: Die Anzahl Milligramme KOH, welche 1 g gewisser Harze und Gummiharze bei der kalten fraktionierten Verseifung mit nur alkoholischer Lauge zu binden vermag.

5. Gesamt-Verseifungszahl (fraktionierte Verseifung) = G.-V.-Z.: Die Anzahl Milligramme KOH, welche 1 g gewisser Harze und Gummiharze bei der kalten fraktionierten Verseifung mit alkoholischer und wässeriger Lauge nacheinander behandelt in summa zu binden vermag.

6. Gummizahl = G.-Z.: Die Differenz von Gesamtverseifungs- und Harzzahl.

7. Esterzahl = E.-Z.: Die Differenz von Verseifungs- und Säurezahl.

8. Acetylzahl = A.-Z : Die Differenz von Acetylverseifungs- und Acetylsäurezahl.

9. Carbonylzahl = C.-Z.: Die Prozente Carbonylsauerstoff der angewandten Substanz.

10. Methylzahl = M.-Z.: Die Menge Methyl, welche 1 g Harz ergibt.

Die Abkürzungen resp. die mit kleinen Buchstaben beigefügten Bezeichnungen, wie d. = direkt, ind. = indirekt (Rücktitration), k. = kalt, h = heiss, f. = flüchtig werden in diesen Annalen durchgeführt, um diesen Bezeichnungen, welche sofort die angewendete Methode erkennen lassen, allgemeinen Eingang und Geltung zu verschaffen.

---

*) Aus dem allgemeinen Teil der „Analyse der Harze" von *K. Dieterich;* S. 52 u. 53.

Abkürzung für die:

Säurezahl direkt bestimmt = S.-Z. d.
Säurezahl durch Rücktitration bestimmt = S.-Z. ind.
Säurezahl der flüchtigen Anteile = S.-Z. f.
Esterzahl = E.-Z.
Verseifungszahl heiss = V.-Z. h.
Verseifungszahl kalt = V.-Z. k.
Harzzahl = H.-Z.
Gesamt-Verseifungszahl = G.-V.-Z.
Gummizahl = G.-Z.
Acetylzahl (resp. A.-S.-Z., A.-E.-Z., A.-V.-Z.). = A.-Z.
Carbonylzahl = C.-Z.
Methylzahl = M.-Z.

b) **für Fette, Öle und andere Körper.**[*]

Definition

der

Acetyl-Säurezahl. Gibt an, wie viel Milligramme KOH zur Neutralisation von 1 g acetylierter Fettsäuren verbraucht werden.

Acetyl-Verseifungszahl. Gibt an, wie viel Milligramme KOH zur Neutralisation der freien Säure + Verseifung der Ester in 1 g acetylierter Fettsäuren verbraucht werden.

Acetyl-Zahl. Gibt an, wie viel Milligramme KOH zur Verseifung der Acetylverbindungen in 1 g acetylierter Fettsäuren verbraucht werden. Acetyl-Zahl ist = Acetyl-Verseifungszahl — Acetyl-Säurezahl.

Aether-Zahl = Ester-Zahl.

Burstyn'sche Säuregrade. Die zur Neutralisation der in 100 ccm Fett oder Öl enthaltenen freien Säuren erforderlichen ccm Normal-Lauge.

Ester-Zahl. Gibt die zur Verseifung der in 1 g Fett enthaltenen Ester erforderlichen Milligramme KOH an.

Hehner'sche Zahl. Die Prozente der in heissem Wasser unlöslichen Fettsäuren.

Jod-Zahl. Die Prozente Jod, welche ein Fett zu binden vermag.

Köttstorfer Zahl. Die zur völligen Verseifung von 1 g Fett erforderlichen Milligramme KOH. Die Köttstorfer- oder Verseifungs-Zahl ist die Summe von Säure-Zahl und Ester-Zahl.

Reichert-Meissl'sche Zahl. Gibt an, wie viel Cubikcentimeter $\frac{n}{10}$ Lauge zur Neutralisation der aus 2,5 g Fett erhaltenen flüchtigen Fettsäuren erforderlich sind.

Säuregrade vergl. Burstyn'sche Säuregrade.

Säure-Zahl. Die zur Neutralisation der in 1 g Fett enthaltenen freien Säuren erforderlichen Milligramme KOH. Bei Cacaoöl, Honig, die für 10 g Substanz erforderlichen Milligramme KOH (nach E. Dieterich) bei Tinkturen die für 1 g Tinktur erforderlichen Milligramme KOH (nach K. Dieterich) vergl. Schlussbemerkung p. 9.

---

[*] Zusammengestellt im pharm. Kalender 1905 von *Fischer-Arends*, S. 264.

Verhältnis-Zahl (bei Wachs). Der bei der Division der Ester-Zahl durch die Säure-Zahl sich ergebende Quotient.

Verseifungs-Zahl = Köttstorfer Zahl. Bei Tinkturen, die für 3 g Tinktur erforderlichen Milligramme KOH (nach *K. Dieterich*) vergl. Schlussbemerkung dieser Seite.

Wollny's Zahl. Gibt an, wie viel Cubikcentimeter $\frac{n}{10}$ Lauge zur Neutralisation der aus 5 g Fett erhaltenen flüchtigen Fettsäuren erforderlich sind.

Abkürzung für die:

Jodzahl nach Hübl = J.-Z.
Jodzahl nach Hübl-Waller = J.-Z. n. **H.-W.**
Säurezahl = S.-Z.
Esterzahl = E.-Z.
Verseifungszahl = V.-Z.
   „   auf heissem Wege = V.-Z. h.
   „   auf kaltem Wege = V.-Z. k.

Für die Definition der Säurezahl sei bemerkt, dass *E. Dieterich* bei Cacaoöl und Honig unter Säurezahl die Anzahl Milligramme KOH versteht, die **10 g** Substanz bei der direkten Titration verbrauchen; bei Tinkturen versteht *K. Dieterich* unter der Säurezahl derselben die Anzahl Milligramme KOH, welche **1 g** und unter der Verseifungszahl derselben die Anzahl Milligramme KOH, welche **3 g** Tinktur — in ersterem Falle bei der direkten Titration, in letzterem Falle bei der Verseifung — zu binden vermögen. Diese besonderen Definitionen sind bisher nur von *E.* und *K. Dieterich* durchgeführt worden und seien dem allgemeinen Brauch anempfohlen.

A.

Normalflüssigkeiten.

$\frac{1}{2}$ Normal-Ammoniak (wässeriges).

Enthält 8,532 g NH_3 im Liter.

Es entspricht 1 ccm $= 0,008532$ g NH_3

$\qquad\qquad\qquad = 0,018229$ „ HCl

$\frac{1}{10}$ Normal-Ammoniumrhodanidlösung.

Enthält 7,6172 g NH_4CNS im Liter gelöst.

Es entspricht 1 ccm $= 0,0076172$ g NH_4CNS

$\frac{1}{10}$ Normal-Jodlösung.

Enthält 12,697 g Jod, welche mit Hilfe von 20 g KJ in Wasser zum Liter gelöst werden.

Es entspricht 1 ccm $= 0,00495$ g As_2O_3

$\qquad\qquad\qquad = 0,00559$ „ Fe

$\qquad\qquad\qquad = 0,00799$ „ Fe_2O_3

$\qquad\qquad\qquad = 0,015196$ „ $FeSO_4$

$\qquad\qquad\qquad = 0,01661$ „ Brechweinstein

$\qquad\qquad\qquad\qquad (2\,(C_4H_4K\,(SbO)\,O_6) + H_2O)$

$\frac{1}{2}$ Normal-Kalilauge (alkoholische)
(mit 96 $^0/_0$igem Alkohol bereitet).

Enthält 28,079 g KOH im Liter.

Es entspricht 1 ccm $= 0,028079$ g KOH

$\qquad\qquad\qquad = 0,018229$ „ HCl

$\qquad\qquad\qquad = 0,024519$ „ H_2SO_4

$\qquad\qquad\qquad = 0,128128$ „ Palmitinsäure

$\qquad\qquad\qquad = 0,141136$ „ Ölsäure

$\qquad\qquad\qquad = 0,142144$ „ Stearinsäure

$\qquad\qquad\qquad = 0,135136$ „ Fettsäure (Palmitinsäure

$\qquad\qquad\qquad\qquad\qquad$ und Stearinsäure 1 : 1).

$^1/_1$ Normal-Kalilauge (wässerige).

Enthält 56,158 g KOH im Liter. Daraus wird durch entsprechende Verdünnung die $\frac{n}{2}$, $\frac{n}{10}$ und $\frac{n}{100}$ KOH hergestellt.

Es entspricht 1 ccm = 0,056158 g KOH
= 0,060032 „ CH_3COOH
= 0,075024 „ $C_4H_6O_6$
= 0,080968 „ HBr
= 0,036458 „ HCl
= 0,063048 „ HNO_3
= 0,049038 „ H_2SO_4
= 0,163358 „ CCl_3COOH
= 0,046016 „ HCOOH

$^1/_2$ Normal-Kalilauge (wässerige).

Hergestellt durch entsprechende Verdünnung der $^1/_1$ Normal-Kalilauge.

Es entspricht 1 ccm = 0,028079 g KOH

$^1/_{10}$ Normal-Kalilauge (wässerige).

Hergestellt durch entsprechende Verdünnung der $^1/_1$ Normal-Kalilauge.

Es entspricht 1 ccm = 0,005616 g KOH

$^1/_{100}$ Normal-Kalilauge (wässerige).

Hergestellt durch entsprechende Verdünnung der $^1/_1$ Normal-Kalilauge.

Es entspricht 1 ccm = 0,0005616 g KOH

$^1/_{10}$ Normal-Kaliumbijodatlösung.

Enthält 3,2508 g $KH(JO_3)_2$ (Merck) in Wasser zum Liter gelöst.

Zur Einstellung von $\frac{n}{10}$ $Na_2S_2O_3$ werden 20 ccm der Kaliumbijodatlösung in eine kleine Glasstöpselflasche abgemessen, 2,0 g Kaliumjodid und 2 ccm Salzsäure hinzugefügt, umgeschwenkt und einige Minuten stehen gelassen. Darauf wird das ausgeschiedene Jod mit der einzustellenden Natriumthiosulfatlösung unter Verwendung von Stärke als Indikator zurücktitriert.

$^1/_{10}$ Normal-Natriumchloridlösung.

Enthält 5,85 g NaCl im Liter.

Dieselbe dient zur Einstellung von Zehntel-Normal-Silber-nitratlösung.

$$\text{Es entspricht 1 ccm} = 0,00585 \text{ g NaCl}$$
$$= 0,016997 \text{ „ } AgNO_3$$

$^1/_{10}$ Normal-Natriumthiosulfatlösung.

Enthält 24,832 g Natriumthiosulfat im Liter.

$$\text{Es entspricht 1 ccm} = 0.012697 \text{ g J}$$

$^1/_1$ Normal-Salzsäure.

Enthält 36,458 g HCl im Liter. Daraus wird durch entsprechende Verdünnung die $\frac{n}{2}$, $\frac{n}{10}$ und $\frac{n}{100}$ HCl hergestellt.

$$\text{Es entspricht 1 ccm} = 0,036458 \text{ g HCl}$$
$$= 0,017064 \text{ „ } NH_3$$
$$= 0,03703 \text{ „ } Li_2CO_3$$
$$= 0,05305 \text{ „ } Na_2CO_3$$
$$= 0,14313 \text{ „ } Na_2CO_3 + 10\,H_2O$$
$$= 0,040058 \text{ „ NaOH}$$
$$= 0,056158 \text{ „ KOH}$$
$$= 0,100158 \text{ „ } KHCO_3$$
$$= 0,06915 \text{ „ } K_2CO_3$$
$$= 0,037058 \text{ „ } Ca(OH)_2$$
$$= 0,02805 \text{ „ CaO}$$

$^1/_2$ Normal-Salzsäure.

Wird hergestellt durch entsprechende Verdünnung der $^1/_1$ Normal-Salzsäure.

$$\text{Es entspricht 1 ccm} = 0,018229 \text{ g HCl}$$
$$= 0,028079 \text{ „ KOH}$$
$$= 0,020029 \text{ „ NaOH}$$
$$= 0,008532 \text{ „ } NH_3$$
$$= 0,034575 \text{ „ } K_2CO_3$$
$$= 0,026525 \text{ „ } Na_2CO_3$$

$^1/_{10}$ Normal-Salzsäure.

Wird hergestellt durch entsprechende Verdünnung der $^1/_1$ Normal-Salzsäure.

Es entspricht 1 ccm $= 0,003646$ g HCl
$= 0,032432$ „ Chinin
$= 0,028223$ „ Morphin (wasserfrei)

$^1/_{100}$ Normal-Salzsäure.

Wird hergestellt durch entsprechende Verdünnung der $^1/_1$ Normal-Salzsäure.

Es entspricht 1 ccm $= 0,0003646$ g HCl
$= 0,002893$ „ Atropin
$= 0,002893$ „ Hyoscyamin
$= 0,00364$ „ Strychnin und Brucin
$= 0,00254$ „ Emetin
$= 0,00647$ „ Aconitin
$= 0,001475$ „ Pelletierin

$^1/_1$ Normal-Schwefelsäure.

Enthält 49,04 g H_2SO_4 im Liter. Daraus wird durch entsprechende Verdünnung die $\frac{n}{2}$ H_2SO_4 und

$\frac{n}{10}$ „ hergestellt.

Es entspricht 1 ccm $= 0,028079$ g KOH
$= 0,020029$ „ NaOH
$= 0,008532$ „ NH_3
$= 0,034575$ „ K_2CO_3
$= 0,026525$ „ Na_2CO_3

$^1/_{10}$ Normal-Silbernitratlösung.

Enthält 16,997 g $AgNO_3$ im Liter gelöst.

Es entspricht 1 ccm $= 0,016997$ g $AgNO_3$
$= 0,0054096$ „ HCN
$= 0,0098032$ „ NH_4Br
$= 0,011911$ „ KBr
$= 0,010301$ „ NaBr
$= 0,00585$ „ NaCl
$= 0,003545$ „ Cl
$= 0,016612$ „ KJ
$= 0,0049575$ „ Allyl-Senföl
$= 0,0057595$ „ Butyl-Senföl

Hüblsche Jodlösung.

25 g Jod und 30 g Quecksilberchlorid werden zu je 500 ccm in 96%igem Alkohol gelöst. Nach dem Mischen muss die fertige Jodlösung vor dem Gebrauch 24 Stunden stehen bleiben, da der Titer derselben zuerst sehr rasch abnimmt.

Hübl-Wallersche Jodlösung.

25 g Jod werden in 96%igem Alkohol zu 500 ccm gelöst.

30 g Quecksilberchlorid und 25 g Salzsäure (1,19 spez. Gew. bei 15° C.) werden in 96%igem Alkohol ebenfalls zu 500 ccm gelöst.

Bei dieser gemischten Jodlösung ist die Abnahme des Titers eine bedeutend geringere.

Kupfersulfatlösung nach Fehling.

34,64 g $(CuSO_4 + 5 H_2O)$ werden in Wasser zu 500 ccm gelöst.

Dieselbe ist immer die gleiche, ob man nach Allihn, Fehling oder Wein arbeitet.

Seignettesalzlösung.

I. Nach Fehling: 173 g Seignettesalz und 60 g Ätznatron werden in Wasser zu 500 ccm gelöst.

II. Nach Allihn: 183 g Seignettesalz und 125 g Ätzkali werden in Wasser zu 500 ccm gelöst.

Die Kupfersulfatlösung und Seignettesalzlösung I dient im Verhältnis 1 + 1 gemischt zur gewichtsanalytischen Maltosebestimmung — Kochdauer: 4 Minuten, und zur Traubenzuckerbestimmung nach Wein — Kochdauer: 2 Minuten; ferner zur gewichtsanalytischen Invertzuckerbestimmung — Kochdauer: 2 Minuten.

Die Kupfersulfatlösung und Seignettesalzlösung II dient im Verhältnis 1 + 1 gemischt zur gewichtsanalytischen Traubenzuckerbestimmung nach Allihn — Kochdauer: Nur einmal aufkochen.

Nähere Angaben hierüber finden sich in E. Schmidt org. Chemie IV. Auflage Seite 926 für die Maltosebestimmung, Seite 893 und 894 für die Traubenzucker- und Seite 901 und 902 für die Invertzuckerbestimmung.

***

Bei Aufstellung der Faktoren für die Normalflüssigkeiten sind uns die vom D. A. IV. geforderten Titrationen, für Alkaloidbestimmungen die Angaben im Kommentar zum D. A. IV. von FISCHER-HARTWICH massgebend gewesen.

***

B.

Indikatoren.

Ferri-Ammoniumsulfatlösung.

Ist eine Lösung von 1 Teil Eisenammoniakalaun in einem Gemische von 8 Teilen destilliertem Wasser und 1 Teil verdünnter Schwefelsäure.

Dient als Indikator bei der Titration mit Silbernitrat- resp. Ammoniumrhodanidlösung.

Haematoxylinlösung.

Ist eine 1%ige alkoholische oder wässerige Farbstofflösung.

Wird hauptsächlich zu Alkaloidtitrationen oder bei der Titration von Alkalien oder Karbonaten in 1%iger wässeriger Lösung verwendet.

Jodeosinlösung.

Ist eine Lösung von 1 g Eosinum jodatum in 500 g Weingeist. Wird bei der Titration von Alkaloiden verwendet.

Methylorangelösung.

Ist eine 1%ige alkoholische Farbstofflösung. Dient zur Titration von kohlensauren Alkalien.

Phenolphtaleinlösung.

Ist eine Lösung von 1 Teil Phenolphtalein in 99 Teilen Weingeist oder verdünntem Weingeist.

Dient zur Titration von Laugen und Säuren.

Rosolsäurelösung.

Ist eine Lösung von 1 g Acid. rosolicum in 100 g Weingeist.
Dient zur Titration von Ammoniak.

Tropaeolinlösung.

Ist eine 1%ige alkoholische Lösung von Tropaeolin.
Wird zur Titration von Karbonaten und Ammoniak verwendet.

Bei den Vorschriften für die Berechnung der Werte ist die neuerdings von LANDOLT, OSTWALD und SEUBERT ausgearbeitete und von der Deutschen Chemischen Gesellschaft endgültig angenommene Tabelle der Internationalen Atomgewichte zu Grunde gelegt worden. O = 16,00 (H = 1,008) (vergl. Berichte der Deutschen Chemischen Gesellschaft 1905. H. 1. S. 8 u. 9), wie auf folgenden Seiten verzeichnet.

Internationale Atomgewichte.

		O = 16	H = 1
Aluminium . . .	Al	27,1	26,9
Antimon	Sb	120,2	119,3
Argon	A	39,9	39,6
Arsen	As	75,0	74,4
Baryum	Ba	137,4	136,4
Beryllium . . .	Be	9,1	9,03
Blei	Pb	206,9	205,35
Bor	B	11	10,9
Brom	Br	79,96	79,36
Cadmium	Cd	112,4	111,6
Caesium	Cs	132,9	131,9
Calcium	Ca	40,1	39,8
Cerium	Ce	140,25	139,2
Chlor	Cl	35,45	35,18
Chrom	Cr	52,1	51,7
Eisen	Fe	55,9	55,5
Erbium	Er	166	164,8
Fluor	F	19	18,9
Gadolinium . . .	Gd	156	155
Gallium	Ga	70	69,5
Germanium . . .	Ge	72,5	71,9
Gold	Au	197,2	195,7
Helium	He	4	4
Indium	In	115	114,1
Iridium	Ir	193,0	191,5
Jod	J	126,97	126,01
Kalium	K	39,15	38,86
Kobalt	Co	59,0	58,56
Kohlenstoff . . .	C	12,00	11,91
Krypton	Kr	81,8	81,2
Kupfer	Cu	63,6	63,1
Lanthan	La	138,9	137,9
Lithium	Li	7,03	6,98
Magnesium . . .	Mg	24,36	24,18
Mangan	Mn	55,0	54,6
Molybdän . . .	Mo	96,0	95,3
Natrium	Na	23,05	22,88
Neodym	Nd	143,6	142,5
Neon	Ne	20	19,9

		O = 16	H = 1
Nickel	Ni	58,7	58,3
Niobium	Nb	94	93,3
Osmium	Os	191	189,6
Palladium . . .	Pd	106,5	105,7
Phosphor	P	31,0	30,77
Platin	Pt	194,8	193,3
Praseodym . . .	Pr	140,5	139,4
Quecksilber . . .	Hg	200,0	198,5
Radium	Ra	225	223,3
Rhodium	Rh	103,0	102,2
Rubidium . . .	Rb	85,5	84,9
Ruthenium . . .	Ru	101,7	100,9
Samarium . . .	Sa	150,3	149,2
Sauerstoff . . .	O	16,00	15,88
Scandium . . .	Sc	44,1	43,8
Schwefel	S	32,06	31,83
Selen	Se	79,2	78,6
Silber	Ag	107,93	107,12
Silicium	Si	28,4	28,2
Stickstoff	N	14.04	13,93
Strontium . . .	Sr	87,6	86,94
Tantal	Ta	183	181,6
Tellur	Te	127,6	126.6
Terbium	Tb	160	158,8
Thallium	Tl	204,1	202,6
Thorium	Th	232,5	230,8
Thulium	Tu	171	169,7
Titan	Ti	48,1	47,7
Uran	U	238,5	236,7
Vanadin	V	51,2	50,8
Wasserstoff . . .	H	1,008	1,000
Wismuth	Bi	208,5	206,9
Wolfram	W	184,0	182,6
Xenon	X	128	127
Ytterbium . . .	Yb	173,0	171,7
Yttrium	Y	89,0	88,3
Zink	Zn	65,4	64,9
Zinn	Sn	119,0	118,1
Zirkonium . . .	Zr	90,6	89,9

Moderne Arzneimittelfabrikation.

Unter diesem Titel ist vom Herausgeber der Annalen in der bekannten Zeitschrift der „Tag" eine Abhandlung erschienen, die — trotzdem sie in mehreren pharmazeutischen und medizinischen Zeitschriften referiert wurde — hier wiedergegeben werden soll, und zwar aus dem Grunde, weil die gegnerischen Bestrebungen der Naturärzte auch für die Pharmazie einen Ausfall in Rezeptur und Handverkauf bedeuten. Der Artikel verfolgte also das Ziel, die altbewährten Arzneimittel, wie sie durch die Ärzte verschrieben und in den Apotheken dispensiert werden, zu rehabilitieren und deren Wert dem Publikum erneut vor Augen zu führen:

„Schon zu wiederholten Malen ist im „Tag" die „Naturheilmethode" diskutiert und hierbei auch die „Überproduktion" von Arzneimitteln gestreift worden. Es ist richtig, dass die Arzneimittelfabrikation beinahe täglich zwei bis drei neue synthetische Mittel auf den Markt geworfen hat; heute ist hierin schon statistisch ein Rückgang zu bemerken, und von den tausend und abertausend neuen Heilmitteln behaupten nur wenige das Feld. Wenn ich allgemein von Arzneimittelfabrikation spreche, so kommen für mich selbstredend nur diejenigen grossen Fabriken in Frage, welche auf absolut wissenschaftlicher Grundlage aufgebaut, wissenschaftlich geleitet werden und nur chemisch wirklich charakterisierbare, analytisch geprüfte Arzneimittel auf wissenschaftlichem Wege der Allgemeinheit zugängig machen. Nachahmungen neuerer Arzneimittel, Spezialitäten unsicherer Zusammensetzung, Geheimmittel u. s. w. berühre und meine ich ebensowenig, als ich es einem studierten Arzt verdenken könnte, wenn er keine Lust verspürt, sich mit Laien, Pfuschern u. s. w. in eine „wissenschaftliche" Diskussion über Heilkunde einzulassen. Von seiten der studierten Naturärzte, die das Bestreben haben, unsere natürlichen Heilmittel, wie Sonne, Licht, Luft und Wasser wieder mehr in den Vordergrund zu bringen, die Arzneimittel hingegen möglichst beiseite zu lassen, wird geltend gemacht, dass erstere „Natur", letztere „nicht Natur" seien. Ich möchte aber vor allem dieser Ansicht entgegentreten: Auch unsere ältesten Arzneimittel sind „natürlich". Oder hat die Natur in ihre Pflanzen, so in Kaffee, Tee, Kola das Koffein, in den Chinabaum das Chinin, in den Mohn das Morphin, Kodein (gegen 50 Alkaloide!), in die Weidenrinde das Salizin, in die Kaskararinde abführende Stoffe, in den Rhabarber die Chrysophansäure, in die abführende Frangula das Frangulin, in den Senfsamen das Sinigrin und Emulsin, in die Bittermandeln das Amygdalin u. s. w. als wirksame Stoffe gelegt, damit wir sie nicht benützen? Also auch unsere altbewährten Medizinen und Arzneimittel sind „natürliche"! Die moderne Arzneimittelfabrikation hat ihre Grundlage in dem Ausbau und der weiteren Kenntnis der guten und schlechten Eigenschaften dieser alten Arzneimittel, zu denen ebenso der Naturarzt im letzten Moment zurückgreift, wie der moderne Arzt Luft, Licht und Wasser nicht mehr entbehren kann. Zweifellos wird zu viel Medizin genommen, aber zweifellos wird auch der Luft, dem Licht und Wasser u. s. w. zu grosse Bedeutung beigemessen; denn dass Krebs, Pest, Tuberkulose nicht durch Wasser geheilt und chirurgische Eingriffe durch letzteres nicht ersetzt werden können, darüber werden sich wohl auch die blindesten Anhänger der Naturheilmethode jetzt klar sein. Eine Jahrtausende alte medizinische und chemische Wissenschaft — beide arbeiten Hand in Hand — lässt sich, aufgebaut von den grössten Geistern früherer und jetziger Zeit, nicht mit einem Male ins „Wasser" werfen. Und dennoch hat der Gegenstrom gegen das viele Medizinieren soziale Bedeutung! Gerade aus der Erkenntnis und Kenntnis unserer natürlichen, in den Pflanzen vorhandenen Heilmittel ist das Bedürfnis nach neueren, verbesserten, verbilligten Heilmitteln in rationellerer Form hervorgegangen. Wenn das Morphin bei gewissen Personen Idiosynkrasie erzeugt, wenn das Chinin schauderhaft bitter schmeckt, warum soll die Wissenschaft nicht Derivate dieser Körper herstellen, die die schlechten Eigenschaften der ersteren nicht zeigen? Hängt nicht chemisch das Antipyrin als bekanntestes Fiebermittel mit dem Chinin zusammen oder lässt sich wenigstens im Kern hierauf zurückführen? Sind nicht bei allen diesen synthetischen Versuchen sogar natürliche Arzneimittel erforscht und dann künstlich hergestellt worden? Ich erinnere an E. Fischers synthetischen Alkohol und Koffein, an Ladenburgs Koniinsynthese u. s. w. Es sorgt hier schon die Natur dafür, dass uns die Bäume nicht in den Himmel wachsen, wissen wir doch, dass oft die physiologische Wirkung der künstlichen Arzneimittel, mit den natürlichen verglichen, nicht immer übereinstimmt; so ist wohl infolge etwas anderer intramolekularer Verhältnisse, die uns noch nicht genügend bekannt sind, die Wirkung des synthetischen Koffeins eine etwas andere als die des natürlichen Xanthinkörpers. Liegt auch in der Fabrikation der neueren Arzneimittel noch ein Zuviel vor, so dürfen wir doch ihre grossen Ziele und Nutzen keinesfalls verkennen, gerade deshalb nicht, weil sie sich auf „natürlicher" Grundlage aufbauen, mit der Kenntnis der natürlichen Arzneimittel Hand in Hand gehen und vor allem in sehr vielen Fällen die Verbilligung natürlicher Arzneimittel auf synthetischem Wege anstreben. Die Ziele und Zwecke der Arzneimittelfabrikation müssen also vom sozialen Standpunkt betrachtet und gewürdigt werden; andererseits kann auf dem Wege der Öffentlichkeit durch berufene ärztliche Feder nicht oft genug dem Volk klar gemacht werden, dass neben einer vernünftigen Medikation auch Wasser, Luft und Licht zu den heilkräftigsten Faktoren zählen. Wo Wasser, Luft und Licht vorhanden sind, dort wird auch das Medikament einen besser vorbereiteten Boden finden als dort, wo man sich noch nicht mit den Regeln der Hygiene, vulgo Reinlichkeit vertraut gemacht hat. Gerade hierin haben ja Lahmann und andere durch systematische Durchführung der Kuren und Belehrung in allgemeinverständlichen Büchern sozial-erzieherisch auf Publikum und Ärzte gewirkt. Wenn auch hier Extreme nicht vermieden werden, so ist dennoch in der Zeit der zu grossen und reichlichen Medikation ein Gegenstrom geschaffen, der uns in gesunder

Weise auf die goldene Mitte führen wird. Und nun noch einige Worte über einen sehr wichtigen Teil der Arzneimittelfabrikation: die Serumbereitung. Gerade in neuester Zeit hat, nachdem das Diphtherie-, Heufieber-, Tuberkulose-Serum seinen Siegesweg angetreten hat, das „Serum gegen Ermüdung" von Weichard uns wieder einen Schritt vorwärts gebracht. An Stelle des Serums soll nach Lahmann der menschliche Körper durch Ernährung und natürliche Heilfaktoren so immunisiert werden, dass er selbst imstande ist, jene Toxine zu töten, die das Antitoxin des Serums töten soll. Gewiss ist dies die idealste Lösung der Krankheitsfrage selbst; aber so lange wir noch soziales Elend haben, so lange jeder für sein weniges Geld nicht die Stoffe zu sich nimmt, die ihn rationell ernähren können, sondern das Volk nur auf eine Ernährung allgemein mit Kartoffel und Brot ohne Möglichkeit der Auswahl bedacht sein muss, so lange wir erbliche Belastung haben und schlechte hygienische Verhältnisse, Wohnungen ohne Licht und Luft: nun, so lange müssen wir dankbar sein, ein diphtheriekrankes Kind mit Serum vom Tode erretten zu können. Selbst der Reiche ist nicht immer imstande, sich rationell zu nähren, Generationen über Generationen werden vergehen, ehe wir überhaupt eine neue Rasse mit neuem Blut gezüchtet haben, und hierzu gehört vor allem Geld und wieder Geld. So wichtig die Lösung dieser sozialen Frage durch verbesserte Verhältnisse und die damit verbundene Hebung der Gesundheit ist, so sehr ist sie noch Zukunftsmusik; allerdings eine Zukunft, die in kaum absehbarer Zeit mit kaum berechenbaren Geldopfern als eine ideale erscheinen muss. Der erzieherische Hinweis auf die rationelle Ernährung, der Hinweis auf den Wert von Wasser, Luft und Licht ist eine Aufgabe der Naturheilmethode; nach dieser Richtung hin erfreut sie sich gewiss der Anerkennung des Gerechtdenkenden, besonders, wenn sie sich bestrebt, nicht altes Bewährtes zu negieren, sondern aus allem heraus einen goldnen Mittelweg zu schaffen. Dass auch in der Arzneimittelfabrikation gesündigt wird, dass neue Mittel ohne genügenden wissenschaftlichen Hintergrund herausgehen, sei ohne weiteres zugegeben: auch hier machen sich Laien, Pfuscher wie in der ärztlichen Praxis geltend. Solche Prä-

parate richten sich selbst, und der wissenschaftlich gebildete
Arzt wird unschwer Gutes von Schlechtem trennen. Aber
auch dann, wenn eine ungeheure Reklame für Verbreitung
sorgt, wird nicht zu schwer Wertvolles von anderem zu trennen
sein. Auch die Reklame hat erzieherischen Wert, und wenn
man z. B. „Odol" mit künstlicher Reklame immer und immer
wieder liest, so kann man auch dem Erfinder des Odols nicht
absprechen, eine soziale Aufgabe gelöst zu haben: die immer-
während Reklame, der dauernde Hinweis auf Mundwasser
belehrt und erzieht die Menschen, dass auch der Teil, dessen
wir uns zum Sprechen bedienen, seiner Pflege bedarf, und
dass die Mundpflege, die im Volk oft genug vernachlässigt
wird, zu den wichtigsten Faktoren der Hygiene gehört. Hierbei lasse ich die rein wissenschaftliche Frage, ob die grosse
Zahl der Mundwässer wirklich auf wissenschaftlicher Grundlage aufgebaut sind oder ihnen nur ein wissenschaftliches
Mäntelchen umgehangen ist, ganz ausser Berücksichtigung.
Also auch die Arzneimittelfabrikation ist ein natürlicher Faktor in der natürlichen Heilmethode, die wissenschaftlichen Er-
folge sind zu gross, als dass sie nicht allgemein den Wunsch
rege werden lassen sollten nach einem kräftigen weiteren
Blühen und Gedeihen dieses Industriezweiges, der ausserdem
Millionen umsetzt und Millionen von Arbeitern und Beamten
das tägliche Brot gibt. Wie aber sollen sich diese Millionen
besser, natürlicher und rationeller ernähren, wenn ihnen die
Brot- und Arbeitsstätte verkümmert wird?"

A.

Chemikalien, Drogen und Rohstoffe.

Acetonum.

(Aceton.)

Untersuchungsmethode: nach dem Ergänzungsbuch zum
D. A. III., II. Ausg., S. 1.

Untersuchungsresultate:

Aceton kam im Jahre 1904 nur einmal zur Untersuchung. Das spezifische Gewicht der als „Acetonum purum" gekauften Ware blieb mit 0,7993 bei 15° C. um eine Kleinigkeit unter der vom Ergänzungsbuch (0,800—0,810) festgesetzten niedrigsten Grenze. Da dasselbe alle sonst geforderten qualitativen Prüfungen vollständig aushielt, gab uns diese geringe Differenz im spez. Gewicht keinen Grund zur Beanstandung.

Acidum benzoïcum e toluolo.

(Toluolbenzoesäure.)

Untersuchungsmethode: nach dem D. A. IV. mit Ausnahme
der speziell für Harzbenzoesäure geltenden Reaktionen.

Untersuchungsresultate:

Benzoesäure aus Toluol kam im Berichtsjahre viermal zur Untersuchung. Dieselbe entsprach stets den an eine reine Toluolbenzoesäure zu stellenden Anforderungen und war besonders frei von Harnbenzoesäure. Die Reaktion auf Chloride, das Merkmal, durch welches sich die Toluolbenzoesäure, von ihrem Aussehen abgesehen, von der Harzbenzoesäure chemisch deutlich unterscheidet, trat stets bald mehr oder weniger stark ein.

Acidum boricum.

(Borsäure.)

Untersuchungsmethode: nach dem D. A. IV.

Untersuchungsresultate:

Nr.	Bemerkungen
1	Gab bei der Prüfung auf Sulfate, Chloride und Calciumverbindungen ganz geringe Opaleszenz.
2	Gab bei der Prüfung auf Sulfate, Chloride geringe, bei der auf Calciumverbindungen starke Opaleszenz.
3	Entsprach d. A. d. D. A. IV. bis auf Spuren von Chloriden.
4	„ „
5	„ „ bis auf Spuren von Chloriden.
6	„ „ „ „ „ „ Sulfaten und Chloriden.
7	„ „ „ „ „ „ Chloriden.

Die Handelssorten Nr. 1, 2 und 6 wurden vom Kauf ausgeschlossen. Die Borsäure wird hier fast zum grössten Teil zu Unguentum Acidi borici conc. verbraucht. Wir beziehen zu diesem Zweck stets die im Handel befindliche etwas teurere Marke „pulvis subtilis".

Acidum citricum.

(Citronensäure.)

Untersuchungsmethode: nach dem D. A. IV.

Untersuchungsresultate:

Nr.	% Glührückstand	Bemerkungen
1	0,00	Entspr. den Anforderungen des D. A. IV. vollständig.
2	0,00	Enthielt Spuren Schwefelsäure u. gab mit Schwefelwasserstoff Gelbfärbung. E. s. d. A. d. D. A. IV.
3	0,00	Entspr. den Anforderungen des D. A. IV. vollständig.
4	0,00	„ „ „ „ „ „
5	Spuren	Gab bei der Reaktion auf Sulfate sehr starke Opaleszenz, bei der auf Calciumverbindungen geringe Opaleszenz. Mit Schwefelwasserstoff deutliche Bräunung, bei der Reaktion auf Weinsäure erst nach längerer Zeit geringe Bräunung.

Beanstandet wurden:

1	Spuren	Den Anforderungen des D. A. IV. nicht entsprechend.
2	„	Gab deutliche Reaktion auf Sulfate und Weinsäure.

Acidum gallicum.

(Gallussäure.)

Untersuchungsmethode: nach dem Ergänzungsbuch zum D. A. III., II. Ausg., S. 4.

Untersuchungsresultate:

Gallussäure kam im Jahre 1904 nur einmal zur Prüfung. Das Präparat hielt sämtliche Forderungen des Ergänzungsbuches vollständig aus.

Acidum hydrochloricum purum.

(Reine Salzsäure.)

Untersuchungsmethode: nach dem D. A. IV.

Untersuchungsresultate:

Nr.	Spez. Gew. bei 15^0 C.	Bemerkungen
1	1,1240	E. d. A. d. D. A. IV.
2	1,1245	„ $\quad 5\,ccm = 38{,}6\,ccm\,\frac{n}{1}\,KOH = 25{,}03\,\%\,HCl.$
3	1,1300	„
4	1,1234	„
5	1,1279	„

Probe Nr. 4 zeigte ein um eine Kleinigkeit zu niedriges spezifisches Gewicht.

Acidum nitricum purum.

(Reine Salpetersäure.)

Untersuchungsmethode: nach dem D. A. IV.

Untersuchungsresultate:

Reine Salpetersäure, hier nur für analytische Zwecke gebraucht, kam im vorigen Jahre nur einmal zur Prüfung nach dem D. A. IV. Dieselbe zeigte ein spez. Gew. von 1,153 bei 15^0 C., 5 ccm derselben verbrauchten 23,1 ccm $\frac{n}{1}$ KOH zur Neutralisation, was einem Gehalt von $25{,}27\,\%$ HNO_3 entspricht. Bezüglich ihrer sonstigen Reinheit genügte die Säure allen Anforderungen des Deutschen Arzneibuchs.

Acidum salicylicum.

(Salicylsäure.)

Untersuchungsmethode: nach dem D. A. IV.

Untersuchungsresultate:

Von Salicylsäure kamen im Vorjahre 5 grössere Sendungen zur Untersuchung. Von einer wurde der Schmelzpunkt zu 156,5 º C. bestimmt, im übrigen entsprachen alle 5 Posten den Anforderungen des D. A. IV.

Über die Bestimmung des Glührückstandes liesse sich hier dasselbe sagen wie bei der Weinsäure. Ergeben z. B. 0,5 g Salicylsäure beim Verbrennen einen Rückstand von 1—2 mg, welches Gewicht doch mit jeder analytischen Wage nachweisbar ist, so beträgt der Glührückstand schon 0,2—0,4 %.

Acidum sulfuricum purum.

(Reine Schwefelsäure.)

Untersuchungsmethode: nach dem D. A. IV.

Untersuchungsresultate:

Nr.	Spez. Gew. bei 15º C.	Bemerkungen
1	1,838	E. d. A. d. D. A. IV.
2	1,840	„

Die reine Schwefelsäure, welche hier in der Hauptsache nur zu analytischen Zwecken und bei der Fabrikation von Reagenspapieren Verwendung findet, gab zu besonderen Bemerkungen keinen Anlass.

Acidum sulfurosum.

(Schweflige Säure.)

Untersuchungsmethode: nach dem Ergänzungsbuch zum D. A. III., II. Ausg., S. 10.

Untersuchungsresultate:

Schweflige Säure kam im Berichts-Zeitraum nur einmal zur Prüfung und entsprach den Anforderungen, welche das Ergänzungsbuch an dieselbe stellt. Entsprechend ihrem geringeren Gehalte an SO_2 zeigte dieselbe auch ein niedrigeres spez. Gewicht, nämlich 1,0346 bei 15° C. Das Ergänzungsbuch gibt als Grenzwert 1,052 für das Handelspräparat an. Auch diese Säure wird hier lediglich zu analytischen Zwecken verwendet.

Acidum tannicum.

(Gerbsäure.)

Untersuchungsmethode: nach dem D. A. IV.

Untersuchungsresultate:

Nr.	% Feuchtigkeit	% Asche	Bemerkungen
1	8,58	2,55	In Wasser nicht vollständig löslich, sonst dem D. A. IV. entsprechend.
2	9,14	2,32	Löslichkeitsproben wurden nicht gehalten.
3	9,40	2,40	„ „ „ „

Sämtliche im Berichtsjahre geprüften Sendungen Gerbsäure waren technische, also dem D. A. IV. nicht völlig entsprechende Präparate, wie dieselben bei der Erzeugung von Tinten Verwendung finden.

Acidum tartaricum.

(Weinsäure.)

Untersuchungsmethode: nach dem D. A. IV.

Untersuchungsresultate:

Nr.	% Glührückstand	Bemerkungen
1	0,00	E. d. A. d. D. A. IV.
2	Spuren	„ bis auf geringe Bräunung der neutralisierten Lösung 1:2 mit Schwefelwasserstoff.
3	0,00	„

Was die Ermittlung des beim Verbrennen der Weinsäure zurückbleibenden Rückstandes anbelangt, so sollte das Deutsche Arzneibuch nicht die Verwendung von nur 0,5 g Weinsäure vorschreiben. Bei einem so verhältnismässig billigen Präparat ist diese Sparsamkeit entschieden nicht am Platze; ausserdem ist das Resultat dieser Prüfung dann zu sehr von Zufälligkeiten abhängig.

Aether.

(Äther.)

Untersuchungmethode: nach dem D. A. IV.

Untersuchungsresultate:

Nr.	Spez. Gew. bei 15° C.	Bemerkungen
A) Für analytische Zwecke:		
1	0,7200	Die 3 Proben Äther für analytische Zwecke hielten
2	0,7202	sämtliche Prüfungen des D. A. IV. vollständig aus.
3	0,7200	

Nr.	Spez. Gew. bei 15° C.	Bemerkungen
B) Für technische Zwecke:		
1	0,7250	E. s. d. A. d. D. A. IV. bis auf das spez. Gewicht.
2	0,7251	„
3	0,7253	„
4	0,7252	„
5	0,7270	„ Hielt die Jodkalium- und Ätzkaliprobe nicht aus.
6	0,7238	„ Lackmuspapier wurde vom Verdunstungsrückstand schwach gerötet.
7	0,7239	„ „
8	0,7230	„ „
9	0,7250	„
10	0,7250	„
11	0,7251	„
12	0,7252	„
13	0,7253	„
14	0,7238	„ Lackmuspapier wurde vom Verdunstungsrückstand schwach gerötet.
15	0,7224	„ „
16	0,7238	„ „
17	0,7250	„
18	0,7250	„
19	0,7239	„ Mit Jodkalium nach 1 Std. schwache Gelbfärbung.
20	0,7240	„ „
21	0,7239	„ „
22	0,7250	„
23	0,7250	„
24	0,7253	„
25	0,7251	„
26	0,7252	„
27	0,7249	„ Mit Jodkalium nach 1 Std. schwache Gelbfärbung.
28	0,7230	„ „
29	0,7249	„ „
30	0,7250	„
31	0,7252	„
32	0,7250	„
33	0,7250	„

Aether aceticus.

(Essigäther.)

Untersuchungsmethode: nach dem D. A. IV.

Untersuchungsresultate:

Nr.	Spez. Gew. bei 15° C.	Bemerkungen
1	0,9000	E. d. A. d. D. A. IV. vollständig.
2	0,9020	„
3	0,9010	„

Aether Petrolei.

(Petroläther.)

Untersuchungsmethode: Best. d. spez. Gewichtes ev. Siedepunktes. Prüfung auf fremde Kohlenwasserstoffe nach E. Schmidt, org. Chemie, IV. Aufl., S. 101 und 102.

Untersuchungsresultate:

Nr.	Spez. Gew. bei 15° C.	Bemerkungen	
1	0.6562	Enthielt Spuren Benzol.	Mit konz. H_2SO_4 schwache Gelbfärbung.
2	0,6570	„	„
3	0,6564	„	„
4	0,6650	„	„
5	0,6570	„	„
6	0,6563	„	„
7	0,6602	„	„
8	0,6589	„	„
9	0,6564	„	„
10	0,6615	„	„
11	0,6570	„	„
12	0,6579	„	„
13	0,6562	„	„
14	0,6570	„	„
15	0,6604	„	„
16	0,6564	„	„
17	0,6570	„	„
18	0,6563	„	„
19	0,6579	„	„
20	0,6650	„	„
21	0,6570	„	„
22	0,6562	„	„

Albumen Ovi siccum.

(Trockenes Hühnereiweiss.)

Untersuchungsmethode: nach K. Dieterich, Helfenberger Annalen 1897, S. 306 und 307, und ausserdem nach dem D. A. IV.

Zur Bestimmung der unlöslichen Anteile im *Albumen Ovi siccum* empfehlen wir das in den Annalen 1901, S. 26 angegebene Verfahren.

Untersuchungsresultate:

Nr.	$\%$ Verlust bei 100^0 C.	$\%$ Asche	$\%$ in Wasser unlöslicher Rückstand	Bemerkungen
1	10,34	5,35	2,93	Fibrinfrei. E. s. d. A. d. D. A. IV.
2	9,91	4,89	3,37	„ „ zeigte schwach. Geruch
3	11,80	4,87	5,57	„ „
4	12,72	5,60	2,92	„ „
5	14,32	3,41	5,52	„ „
6	12,94	4,00	3,92	„ „
7	15,21	4,74	4,28	„ „
8	14,63	4,21	6,58	„ „ zeigte schwach. Geruch
9	15,26	4,80	5,70—6,00	„ „
10	14,80	4,60	3,60	„ „
11	16,20	4,40	4,70	„ „

Beanstandet wurden:

Nr.	$\%$ Verlust bei 100^0 C.	$\%$ Asche	$\%$ in Wasser unlöslicher Rückstand	Bemerkungen
1	19,14	4,80	3,40	Fibrinfrei. E. s. d. A. d. D. A. IV.
2	13,86	5,00	6,70—7,00	„ „

Wir haben dieses Jahr grosse Mühe gehabt, ein Eiweiss zu erhalten, welches ein klar lösliches Ferrum albuminatum gibt. Trotzdem die teuersten Sorten dem D. A. IV. entsprachen, waren sie doch für die Herstellung dieses Eisenpräparates unbrauchbar. Es unterliegt keinem Zweifel, dass die abnorme Hitze des Sommers 1904 auf die Beschaffenheit des Eiweisses von Einfluss gewesen ist.

Alcohol absolutus, Alcohol et Spiritus.

(Absoluter Alkohol, Alkohol und Weingeist.)

Untersuchungsmethode: nach dem D. A. IV.

Untersuchungsresultate:

Nr.	Spez. Gew. bei 15° C.	Gewichts-Prozente $C_2H_5(OH)$	Volumen-Prozente $C_2H_5(OH)$	Bemerkungen
A)	**Alcohol absolutus.**			
1	0,7990	98,46	99,05	E. d. A. d. D. A. IV. vollständig
2	0,7981	98,76	99,24	„
B)	**Alcohol.**			
1	0,8100	94,73	96,61	Hielt die $AgNO_3$ und NH_3 Probe nicht, enthielt etwas Fuselöl.
2	0,8079	95,46	97,10	Hielt die $AgNO_3$ Probe nicht, e. s. d. A. d. D. A. IV.
3	0,8120	94,03	96,13	Färbte sich mit $AgNO_3$ nur wenig und erst beim Erwärmen
4	0,8079	95,46	97,10	Hielt die $AgNO_3$ Probe nicht, e. s. d. A. d. D. A. IV
5	0,8124	93,89	96,03	„ „
6	0,8136	93,45	95,73	„ „
7	0,8079	95,46	97,10	$AgNO_3$ Probe trat sofort ein und nahm beim Erwärmen noch zu, e. s. d. A. d. D. A. IV.
8	0,8079	95,46	97,10	Hielt die $AgNO_3$ Probe nicht, e. s. d. A. d. D. A. IV.
9	0,8130	93,67	95,88	„ „
10	0,8109	94,42	96,39	Bei der $AgNO_3$ Probe trat erst beim Erwärmen schwache Gelbfärbung ein, e. s. d. A. d. D. A. IV.
11	0,8105	94,55	96,49	Hielt die $AgNO_3$ Probe nicht, e. s. d. A. d. D. A. IV.
12	0,8105	94,55	96,49	„ „
13	0,8082	95,36	97,03	„ „
14	0,8096	94,76	96,64	„ „
15	0,8085	95,26	96,96	„ „
16	0,8088	94,98	96,83	„ „
17	0,8091	94,94	96.76	„ „
18	0.8094	94,84	96,68	„ „
19	0,8105	94,55	96,49	„ (deutliche, sofort eintretende Gelbfärbung) „
20	0,8085	95,26	96,96	Gelbfärbung mit $AgNO_3$ trat erst b. Erwärm. ein. E. s. d. A. d. D. A. IV.
21	0,8084	95,29	96,99	„ „
22	0,8085	95,26	96,96	„ „
23	0,8084	95,29	96,99	„ „
C)	**Spiritus.**			
1	0,8305	87,16	91,14	E. s. d. A. d. D. A. IV.

Zum Einkauf von Spiritus ist zu bemerken, dass, wie uns die Centrale für Spiritus-Verwertung mitteilte, von dieser kein Spiritus verkauft wird, der dem D. A. IV. entspricht. Es ist zu bedauern, dass auf die offizinellen Prüfungen des Deutschen Arzneibuchs von der Centrale so wenig Rücksicht genommen wird, dass sich im Handel ein dem D. A. IV. genau entsprechender Spiritus wohl zu teurem Preis erhalten lässt, dass aber eine Garantie für die Anforderungen des D. A. IV. oder ein Verkauf nach demselben nicht stattfindet. Vielleicht wirkt der Deutsche Apothekerverein dahin, dass sich die Spiritusfabriken und Verkaufscentralen allmählich dazu entschliessen, bei ihren Präparaten die Anforderungen des D. A. IV. als selbstverständlich zu berücksichtigen.

Amylum Tritici.

(Weizenstärke.)

Untersuchungsmethode: nach dem D. A. IV.

Untersuchungsresultate:

Nr.	% Asche	Bemerkungen	
1	0,24	Mikroskop. Bild normal.	E. d. A. d. D. A. IV.
2	0,14	„ Die wässerige Lösung reagierte schwach sauer.	E. s. d. A. d. D. A. IV.
3	0,18	„	E. d. A. d. D. A. IV.
4	0,10	„	„
5	0,24	„	„
6	0,17	„	„

Balsame, Harze und Gummiharze.

A. Balsame.

Balsamum peruvianum.

(Perubalsam.)

Untersuchungsmethode: nach K. Dieterich, Analyse der Harze, S. 80 und 81 und nach dem D. A. IV.

Untersuchungsresultate:

Von Perubalsam kam im Berichtsjahre nur eine Sendung zur Untersuchung.

Die bei derselben gefundenen Werte waren folgende:

Spez. Gew. bei 15⁰ C. . . 1,1368 (D. A. IV. 1,140—1,150)
S.-Z. d. 75,60
E.-Z. 184,80
V.-Z. k. 260,40
% aromatische Bestandteile
   (Cinnamein) 63,28
V.-Z. h. des Cinnameins
   nach dem D. A. IV. . 240,70

In den sonstigen qualitativen Proben entsprach der Balsam vollständig den Anforderungen des D. A. IV.

Balsamum tolutanum.

(Tolubalsam.)

Untersuchungsmethode: nach K. Dieterich, Analyse der Harze, S. 89 und nach dem D. A. IV.

Untersuchungsresultate:

Eine im Jahre 1904 untersuchte Probe gereinigter Tolubalsam ergab folgende Werte:

$$
\begin{aligned}
&\text{S.-Z. d.} & 145{,}85 \\
&\text{E.-Z.} & 15{,}88 \\
&\text{V.-Z. h.} & 161{,}73
\end{aligned}
$$

Die Zahlen bewegen sich innerhalb der vom D. A. IV. aufgestellten Grenzwerte.

B. Harze.

Benzoë Siam et Sumatra.

(Siam- und Sumatrabenzoe.)

Untersuchungsmethode: nach K. Dieterich, Analyse der Harze, S. 103 und 106 und nach dem D. A. IV.

Untersuchungsresultate:

Benzoë Sumatra.

Nr.	S.-Z. ind.	E.-Z.	V.-Z. k.	% Asche	% in siedendem Weingeist un- lösliche Anteile
1	109,20	92,40	201,60	0,80	11,50
2	106,40	100,80	207,20	0,90	15,25
3	100,80	109,20	210,00	2,45	9,94
4	109,20	98,00	207,20	1,92	20,70
5	112,00	109,20	221,20	1,19	16,04
6	109,20	92,40	201,60	1,52	19,38

Beanstandet wurden:

1	102,40	96,40	198,80	1,00	26,02
2	95,20	98,00	193,20	2,78	18,82

Siambenzoe kam in diesem Jahre nicht zur Untersuchung. Die Handelssorten von Sumatrabenzoe entsprachen im Berichtszeitraum den Normalwerten, welche der Herausgeber dieser Annalen in seiner Analyse der Harze dafür aufgestellt hat.

Colophonium.

(Kolophonium.)

Untersuchungsmethode: nach dem D. A. IV. Die Methode desselben ist die von K. Dieterich, Analyse der Harze, S. 113 und ausserdem die Bestimmung des in Petroläther unlöslichen Rückstandes.

Untersuchungsresultate:

Nr.	Spez. Gew. bei 15⁰ C.	S.-Z. ind.	% in Petroläther unlöslicher Rückstand	% Asche	Bemerkungen
A) citrinum.					
1	1,0746	172,20	0,00	—	E. d. A. d. D. A. IV., bis auf die Löslichkeit in NaOH.
2	1,0750	182,00	2,04	Spur.	,,
3	1,0729	174,60	1,15	0,00	,,
4	1,0715	173,60	1,01	0,00	,,
5	1,0720	177,80	1,10	—	,,
B) rubrum.					
1	1,0820	176,10	0,121	0,00	E. d. A. d. D. A. IV., bis auf die Löslichkeit in NaOH.
2	1,0740	176,20	0,176	—	,,
3	1,0742	175,00	—	0,00	,,
4	1,0730	176,40	3,12	—	,,
5	—	{ 173,60 / 175,00	3,20	0,00	,,
6	1,0750	182,00	1,66	0,00	,,
7	1,0748	176,40	1,24	—	,,

Die vom D. A. IV. normierte Höchstgrenze der Säurezahl von 179,20 wurde in diesem Jahre sowohl vom gelben Kolophonium bei Nr. 2 als auch vom roten unter Nr. 6 um eine Kleinigkeit überschritten.

Dammar.

(Dammarharz.)

Untersuchungsmethode: nach K. Dieterich, Analyse der Harze, Seite 127 und nach dem D. A. IV.

Untersuchungsresultate:

Nr.	% Asche	S.-Z. ind.	Bemerkungen
1	0,10	. 28,00	Erweicht bei 100° C. E. s. d. A. d. D. A. IV.
2	0,05	28,00	„ „
3	0,00	25,20	„ „
4	0,00	29,40	„ „
5	Spuren	26,60	„ „
6	„	25,20	„ „
7	„	25,70	„ „
8	0,007	25,90	„ „
9	0,00	22,66	„ „
10	Spuren	26,66	„ „
11	0,00	28,00	„ „
12	0,00	31,30	„ „

So viel und so oft wir im Laufe der letzten Jahre Dammarharz untersucht haben, so ist uns doch noch keines unter die Hände gekommen, welches bei der Temperatur des siedenden Wassers **nicht** erweicht wäre, meistens geschieht dies sogar schon bedeutend unterhalb einer Temperatur von 100° C.

Harzmasse unbekannter Zusammensetzung.

Unter der Bezeichnung „Harzmasse" gelangte eine gelb-braune, ziemlich harte, jedoch leicht zu pulverisierende, sehr schwach nach Asa foetida resp. Foenum graecum riechende Substanz zur Untersuchung; dieselbe sollte technischen Zwecken dienen. Die Masse erweichte bei 100 ° C. nur, schmolz aber nicht. In keinem der gewöhnlichen Lösungs-mittel löste sich die Harzmasse vollkommen auf. Bei der Aschebestimmung blieben 51,78 % eines pulverigen, weissen Glührückstandes zurück, der sich weder in Wasser noch in verdünnten Säuren und nur spurenweise in konzentrierter Salzsäure löste. Wurde die Asche mit Soda geschmolzen, die Schmelze mit Wasser ausgelaugt und der Rückstand in Salzsäure gelöst, so wurden Spuren Phosphorsäure, reichlich Kieselsäure, Spuren Kalk und Eisen, wenig Aluminium und viel Magnesium gefunden.

Hiernach bestand die Harzmasse zu etwa 52 % aus Talcum.

Die nicht mineralischen Bestandteile lösten sich zum grossen Teil in Benzol; es konnten durch wiederholtes Aus-kochen mit diesem Lösungsmittel 32,77 % der gesamten Harz-masse in Lösung gebracht werden.

Da der Feuchtigkeitsgehalt der Harzmasse zu 5,10 % be-stimmt war, so fehlten nur noch 10,35 %, welche das Talkum fest einhüllten und erst durch Kochen mit alkoholischer Kali-lauge in Lösung zu bringen waren.

Die mittels Benzol ausgezogene und nach dessen Ver-dunsten hinterbleibende Masse schmolz bei 35 ° C., da dieselbe sich in Äther und Chloroform vollständig, in Spiritus jedoch nur teilweise und noch weniger in Benzin löste, so wurde dieses Verhalten gegen Lösungsmittel benutzt, um eine Trennung zu versuchen. Es gingen 67,72 % des benzollöslichen Anteils in Benzin, nach dessen Verdunsten hinterblieb eine gelbliche, fettige Masse von Talgkonsistenz und schwachem Harzgeruch. Sie gab eine sehr schöne Cholesterinreaktion beim Kochen mit Essigsäureanhydrid und auf Zusatz von Schwefelsäure trat keine grüne Färbung wie bei Lanolin sondern eine bräunliche ein. Die Masse hatte

eine Säurezahl   von 142,10
„   Verseifungszahl   „   170,60 und
„   Esterzahl   „   28,50.

Das Benzinunlösliche stellte eine sehr spröde Harzmasse dar, welche bei 100° C. noch nicht schmolz, sondern nur erweichte und beim Verbrennen an brennenden Bernstein erinnerte.

Bei der Storch-Morawski'schen Reaktion entstand zuerst eine gelbbraune dann rotbraune Färbung.

Paraffin war in der Harzmasse nicht vorhanden und weitere Pflanzenbestandteile konnten in derselben nicht nachgewiesen werden.

Mastix.

(Mastix.)

Untersuchungsmethode: nach K. Dieterich, Analyse der Harze, S. 164—168, und nach dem Ergänzungsbuch zum D. A. III., II. Ausg., S. 205.

Untersuchungsresultate:

Im Berichtszeitraum kam eine Sendung Levantinischer Mastix zur Prüfung.

Die S.-Z. d. wurde zu 54,37—55,63 bestimmt, überschritt also die in unseren Annalen 1897 pag. 316 angegebene Höchstgrenze von 53,2 um eine Kleinigkeit.

Der Aschegehalt betrug 0,18 %.

Im Aussehen etc. entsprach die Sendung den im Ergänzungsbuch gestellten Anforderungen.

Resina Jalapae.

(Jalapenharz.)

Untersuchungsmethode: nach K. Dieterich, Analyse der Harze, S. 154 und nach dem D. A. IV.

Untersuchungsresultate:

Nr.	S.-Z. d.	E.-Z.	V.-Z. h.	$^0/_0$ in Chloroform lösliche Anteile	Bemerkungen
1	10,40	132,80	143,20	8,20	E. s. d. A. d. D. A. IV.
2	22,40	162,40	184,80	4,50	,,
3	28,00	162,40	190,40	7,26	,,

Nr. 1 entspricht in seinen Werten mehr denen des Vorjahres, Nr. 2 u. 3 entsprachen den in K. Dieterich's Analyse der Harze aufgestellten Normalzahlen.

Resina Lacca.

(Schellack.)

Untersuchungsmethode: nach K. Dieterich, Chem. Revue 1901, S. 222—246.

Untersuchungsresultate:

Nr.	S.-Z. d.	E.-Z.	V.-Z. h.	$^0/_0$ Asche
1	58,80	151,20	210,00	—
2	56,00	128,60	184,60	0,49

Beide im Berichtsjahre untersuchten Schellackproben waren sogenannter „blonder" Schellack.

Künstlicher Schellack

in Knopfform und in Tränen.

Beide Handelsformen zeigten übereinstimmend folgende Werte:

% Asche	0,10
S.-Z. d.	128,80
V.-Z. h.	179,20
E.-Z.	50,40

Künstlicher Schellack.	Echter Schellack.	Kolophonium.
In Alkohol nicht klar löslich.	Mit Alkohol geringe Ausscheidungen.	In Alkohol klar löslich.
Die alkoholische Lösung gibt bei Zusatz von alkohol. Kalilauge starke Trübung resp. Ausscheidungen wie Mastix.	Die alkoholische Lösung bleibt bei Zusatz von alkoholischer Kalilauge völlig klar.	
In Petroläther sind etwa 13 % löslich.	In Petroläther völlig löslich.	In Petroläther fast völlig löslich.
Mit Essigsäureanhydrid und Schwefelsäure: bräunlich.	rot.	violett.

Künstlicher Schellack ist in geschmolzenem Zustande auf dem Platinblech von geschmolzenem Kolophonium nicht zu unterscheiden und hält mit echtem Schellack bezüglich festen Anhaftens sowie hinsichtlich der Widerstandsfähigkeit gegen mechanische Angriffe keinen Vergleich aus. Der künstliche Schellack lässt sich zwischen den Zähnen kneten, klebt aber bei Handwärme nicht, er schmilzt bei ungefähr 100° C.

Es ist notwendig darauf hinzuweisen, dass jetzt im Handel eine sehr grosse Anzahl von „Künstlichen Schellacksorten" existieren. Während der im Vorjahr untersuchte künstliche Schellack ein Akaroidharz war, scheint es sich bei obigem Produkt um eine künstliche Harzkomposition zu handeln, die alles andre, nur keine Schellackeigenschaften hat. Bei der grossen Verwertbarkeit des echten Schellacks und bei seinem hohen Preis ist die Sucht, ein Surrogat zu schaffen, begreiflich, auch zeigen die vielen Präparate — teils patentiert — wie hier auf ein Ersatzmittel hingearbeitet wird; bisher ist es aber nicht gelungen, ein dem echten Schellack gleichwertiges Produkt zu finden. Bemerkenswert ist, wie die einzelnen „künstlichen" Präparate auch unter sich so vollkommen verschieden sind.

Resina Pini.

(Fichtenharz.)

Untersuchungsmethode: nach K. Dieterich, Analyse der Harze, S. 170.

Untersuchungsresultate:

Nr.	S.-Z. d.	E.-Z.	V.-Z. h.	$^0/_0$ Verlust bei 100^0 C.	$^0/_0$ Asche	Bemerkungen
1	157,00	2.20	159,20	8,32	0,00	war eine weiche, sehr aromatische Ware
2	152,90	7,90	160,80	7,26	0,00	war eine mehr harte, trockene Ware
3	155,40	7,00	162,40	7,90—11,79	0,00	—
4	147,00	10,20	157,20	9,52	Spuren	—

Styrax.

(Storax.)

Untersuchungsmethode: nach K. Dieterich, Analyse der Harze, S. 192 u. 193 und nach dem D. A. IV.

Untersuchungsresultate:

Von Storax kam in diesem Jahre weder Rohstorax noch sogenannter kolierter Rohstorax zur Untersuchung.

Eine Probe gereinigter Storax gab 8,04 % Verlust bei 100 ° C.

0,00 % Asche.

In Bezug auf Aussehen, Farbe und Konsistenz entsprach dieser gereinigte Storax ebenso wie in seinen Löslichkeitsverhältnissen den diesbezüglichen Anforderungen des D. A. IV.

Andere eingehendere Untersuchungen wurden damit nicht angestellt.

Succinum.

(Bernstein.)

Untersuchungsmethode: nach K. Dieterich, Analyse der Harze, S. 95—100 und nach dem Ergänzungsbuch zum D. A. III., II. Ausg., S. 289.

Untersuchungsresultate:

Von Bernstein kamen im Berichtsjahre je eine Probe grobe und feine Abfälle zur Prüfung.

Der Aschegehalt der groben, wenig verunreinigten Abfälle betrug 0,257 %, derjenige der feinen 0,667 %.

Nähere Untersuchungen wurden nicht vorgenommen, im Aussehen etc. waren beide Proben normal und den Anforderungen des Ergänzungsbuches entsprechend.

Terebinthinae.

(Terpentine.)

Terebinthina veneta.

(Venetianischer oder Lärchenterpentin.)

Untersuchungsmethode: nach K. Dieterich, Analyse der Harze, S. 213.

Untersuchungsresultate:

Nr.	S.-Z. d.	E.-Z.	V.-Z. h.
1	66,33	51,57	117,90
2	69,88	48,62	118,50
3	68,61	50,69	119,30
4	70,26	51,44	121,70
5	71,40	50,30	121,70
6	71,00	56,60	127,60
7	66,36	47,54	113,90
8	69,02	49,28	118,30
9	67,26	46,64	113,90
10	70,88	53,72	124,60

Beanstandet wurden:

Nr.	S.-Z. d.	E.-Z.	V.-Z. h.
1	71,79	62,94	134,73
2	71,52	61,72	133,24

Bis auf zwei wegen zu hoher Ester- und Verseifungszahl zu beanstandende Muster entsprach der rohe venetianische Terpentin stets den früher von uns festgelegten Grenzwerten. Im Aussehen war er häufig — durch Wasserhaltigkeit hervorgerufen — etwas trübe.

C. Gummiharze.

Ammoniacum.

(Ammoniakgummi.)

Untersuchungsmethode: nach K. Dieterich, Analyse der Harze, S. 224 und nach dem D. A. IV.

Untersuchungsresultate:

Nr.	S.-Z. ind.	H.-Z.	G.-V.-Z.	G.-Z.	% in sied. Weingeist unlösl.	% Verlust bei 100° C.	% Asche	Bemerkungen
1	116,83	140,80	151,20	10,40	30,68	4,63	5,40	War natur. Ware, u. entspr. d. D.A.IV. bis auf den etwas höheren Aschengehalt.
2	96,82	140,80	145,60	4,80	26,32	6,37	2,70	War als „electa" angeboten.
3	106,40	148,40	151,30	2,90	37,77	7,65	2,33	„
4	78,40	145,60	156,80	11,20	34,97	4,66	3,49	War als „naturelle" Ware angeboten.

Sämtliche Sorten waren frei von Galbanum und entsprachen auch sonst den Anforderungen des D. A. IV.

Beanstandet wurden:

Nr.	S.-Z. ind.	H.-Z.	G.-V.-Z.	G.-Z.	% in sied. Weingeist unlösl.	% Verlust bei 100° C.	% Asche	Bemerkungen
1	93,33	140,00	144,20	4,20	35,80	6,45	9,03	Dieses Muster von natureller Ware enth. viel Früchte u. Samen d. Stammpflanze, ausserdem auch viel Sand.
2	89,60	126,00	151,20	25,20	34,66	5,21	6,54	—

Die Säurezahlen und Harzzahlen, welche im Vorjahre abnorm niedrig gewesen waren, erreichten wieder die übliche normale Höhe, die Muster waren durchgängig auch bedeutend aromatischer als im Jahre 1903.

Benzinum Petrolei.

(Petroleumbenzin.)

Untersuchungsmethode: nach dem D. A. IV.

Untersuchungsresultate:

Nr.	Spez. Gew. bei 15⁰ C.	Bemerkungen	
1	0,7300	Entsprach dem D. A. IV. bis auf das spez. Gew. u. den Siedepunkt.	Mit konz. H_2SO_4 Gelbfärbung.
2	0,7250	„	„
3	0,7380	„	„
4	0,7255	„	„
5	0,7240	„	„
6	0,7249	„	„
7	0,7250	„	„
8	0.7255	„	„
9	0,7380	„	„
10	0,7259	„	„
11	0,7240	„	„
12	0,7249	„	„
13	0,7269	„	„
14	0,7255	„	„
15	0,7380	„	„
16	0,7259	„	„
17	0,7230	„	„
18	0,7380	„	„
19	0,7259	„	„
20	0,7329	„	„
21	0,7229	„	„
22	0,7234	„	„
23	0,7253	„	„
24	0,7234	„	„
25	0,7229	„	„
26	0,7253	„	„
27	0,7229	„	„
28	0,7234	„	„
29	0,7253	„	„

Motorbenzin (Automobilbenzin) wurde nur einmal auf sein spezifisches Gewicht geprüft und wog 0,6989 bei 15⁰ C.

Das hier für technische Zwecke (Fett-, Ölextraktionen, Lösen von Kautschuk etc.) verwendete Benzin war im vergangenen Jahre spezifisch noch bedeutend schwerer als in anderen Jahren.

Benzolum.

(Benzol.)

Untersuchungsmethode: nach dem Ergänzungsbuch zum D. A. III., II. Ausg., S. 46 und nach E. Schmidt, org. Chemie IV. Aufl., S. 938—941.

Untersuchungsresultate:

Nr.	Spez. Gew. bei 15° C.	Bemerkungen
1	0,8824	Entsprach den Anforderungen des Ergänzungs-Buches. Sdpkt. 79—80° C.
2	0,8838	Entsprach den Anforderungen des Ergänzungs-Buches.
3	0,8809	„
4	0,8860	Entsprach den Anforderungen des Ergänzungs-Buches. bis auf das zu hohe spez. Gewicht.
5	0,8810	Entsprach den Anforderungen des Ergänzungs-Buches. Gelbfärbung mit H_2SO_4.

Bismutum subnitricum.

(Basisches Wismutnitrat.)

Untersuchungsmethode: nach dem D. A. IV.

Untersuchungsresultate:

Nr.	$\%\ Bi_2O_3$	Bemerkungen
1	85,11	E. s. d. A. d. D. A. IV. vollständig
2	84,42	„
3	80,18	„

Der Glührückstand überschritt die Höchstgrenze des D. A. IV. um 2—3 %, was wohl gerade bei diesem Präparat seinen Grund in den wechselnden Herstellungsverfahren haben mag.

Bleiverbindungen.

Cerussa.

(Bleiweiss.)

Untersuchungsmethode: nach dem D. A. IV.

Untersuchungsresultate:

Nr.	% Glüh-rückstand	% in HNO_3 unlöslich	Bemerkungen
1	86,14	0,146	E. d. A. d. D. A. IV.
2	86,10	1,050	„ , bis auf Spuren von Fe
3	86,44	0,700	„ , war völlig eisenfrei

Der in Salpetersäure unlösliche Rückstand von Nr. 2 erreichte bezw. überstieg um ein Geringes die von dem D. A. IV. zugelassene Höchstgrenze. Diese geringe Differenz bildete aber keinen Grund zur Zurückweisung der Sendung.

Lithargyrum.

(Bleiglätte.)

Untersuchungsmethode: nach dem D. A. IV.

Untersuchungsresultate:

Nr.	% Glüh-verlust	% in Essig-säure unlöslich	Bemerkungen
1	0,21	0,28	Enth. sehr deutl. Spuren Fe. E. s. d. A. d. D. A. IV.
2	0,26	0,63	„ „
3	0,86	0,48	„ „
4	1,00	0,29	E. s. d. A. d. D. A. IV.
5	0,40	—	Enth. sehr deutl. Spuren Fe. E. s. d. A. d. D. A. IV.
6	0,50	—	„ „

Beanstandet wurden:

Nr.	% Glüh-verlust	% in Essig-säure unlöslich	Bemerkungen
1	0,90	1,80	Enth. sehr deutl. Spuren Fe. E. nicht d. A. d. D. A. IV.
2	0,42	0,96	„ reichlich Eisen. E. s. d. A. d. D. A. IV.

Es hält verhältnismässig sehr schwer, eine Bleiglätte zu bekommen, welche ausser zur Pflasterbereitung sich auch noch zur Herstellung des Liquor. Plumbi subacetici D. A. IV. eignet, die meisten enthalten zuviel Eisen, wodurch dann in letzterem Präparat nach Zusatz von Essigsäure eine grünlich-blaue Färbung statt eines rein weissen Niederschlages hervorgerufen wird.

Kupfer haben wir in der Glätte bisher nie beobachten können.

Minium.

(Mennige.)

Untersuchungsmethode: nach dem D. A. IV.

Untersuchungsresultate:

Nr.	% in Salpetersäure unlöslicher Rückstand	Bemerkungen
1	0,472	Entsprach auch sonst d. Anf. d. D. A. IV.
2	völlig löslich	„

Camphora.

(Kampfer.)

Untersuchungsmethode: nach dem D. A. IV.

Untersuchungsresultate:

Im Berichtsjahre kamen 2 Sendungen Kampfer zur Prüfung und erwiesen sich als den Anforderungen des D. A. IV. völlig entsprechend.

Cantharides.

(Spanische Fliegen.)

Untersuchungsmethode: nach dem D. A. IV. und $\%$ Verlust bei 100° C. eventuell $\%$ freies Kantharidin nach dem D. A. IV. ohne Verwendung von Salzsäure. Näheres darüber siehe K. Dieterich, Ph. Ztg. 1901, Nr. 84.

Untersuchungsresultate:

Nr.	Handels-sorte	$\%$ Verlust b. 100° C.	$\%$ Asche	$\%$ Gesamt-Kantharidin	Bemerkungen
1	russische	9,10	5,60	0,77	Die Käfer waren von schönem Aussehen.
2	,,	7,82	5,28	0,76	,,
3	,,	7,85	5,90	0,82	,,

Auch im Jahre 1904 wurde der vom D. A. IV. für Kantharidin geforderte Mindestgehalt von 0,8 $\%$ nur knapp erreicht. Der Preis für spanische Fliegen ist fast ums doppelte gestiegen.

Colla piscium.

(Hausenblase.)

Untersuchungsmethode: siehe Helfenberger Annalen 1897, S. 329, nur mit der Erweiterung, dass nicht nur 4 mal, sondern allgemein bis zur völligen Erschöpfung ausgekocht wird, was unter Umständen mehr als viermaliges Auskochen erfordert.

Untersuchungsresultate:

Nr.	% Feuchtigkeit	% in Wasser unlöslicher Rückstand	Bemerkungen
1	18,27	16,12	Leim weiss, ohne Geruch.
2	18,05	16.61	„ „
3	18,36	17,73	„ „
4	17,53	18,95	„ „
5	13,08	19,97	„ „
6	18.45	17,45	„ „
7	18,05	18,95	Leim gelblich, mit schwachem Geruch.

Beanstandet wurden:

Nr.	% Feuchtigkeit	% in Wasser unlöslicher Rückstand	Bemerkungen
1	12,53	21,58	—
2	19,02	18,28	Leim gelb, mit starkem Geruch.
3	21,86	17,73	—

Crocus.

(Safran.)

Untersuchungsmethode: nach dem D. A. IV.

Untersuchungsresultate:

Nr.	Handelssorte	% Feuchtigkeit	% Asche	% Asche auf bei 100° C. getrocknete Substanz ber.
1	Hispanicus totum	25,26	5,26	7,038
2	„	13,34	5,22	6,024
1	Hispanicus pulvis subtilis	12,06	5,46	6,209

Auffällig war im Berichtsjahre der hohe Feuchtigkeitsgehalt des Safrans, der in keinem Falle unter der Höchstgrenze des D. A. IV. von 12 % blieb. Probe Nr. 1 der ganzen
Ware wurde beanstandet, da dieselbe auch betreffs des Gehaltes an Asche nicht genügte. Der Aschengehalt betrug,
durch den hohen Wassergehalt veranlasst, auf getrocknete
Ware berechnet 7,04 %.

In Bezug auf Färbekraft, Geruch und Geschmack entsprachen sämtliche Sendungen den Anforderungen des D. A. IV.

Dextrinum.

(Dextrin.)

Untersuchungsmethode: siehe E. Schmidt, Organ. Chemie
IV. Aufl., S. 875 und 876 und nach dem Ergänzungsbuch zum D. A. III., II. Ausg., S. 83 und 84.

Untersuchungsresultate:

Nr.	% Feuchtigkeit	% Asche	Bemerkungen
1	13,01	0,40	Entspr. den Anford. des Erg.-Buches bis auf die schwach saure Reaktion der wässerigen Lösung u. die deutliche Bläuung mit Jodlösung
2	4,10	0,28	„
3	—	—	„
4	10,30	0,27	„
5	8,61	0,16	„
6	—	—	„
7	8,65	0,20	„

Ferrum sesquichloratum crystallisatum purum.

(Krystallisiertes Eisenchlorid.)

Untersuchungsmethode: Best. des spez. Gew. der Lösung (1 + 1) bei 17,5⁰ C. und nach dem D. A. IV.

Untersuchungsresultate:

Nr.	Spez. Gew. der Lösung (1 + 1) bei 17,5⁰ C.	$\%$ Fe_2Cl_6 $+12H_2O$	$\%$ Fe_2Cl_6	Bemerkungen
1	1,2930	50,04	30,08	E. s. d. A. d. D. A. IV.
2	1,2918	49,87	29,87	,,
3	1,2938	50,14	30,14	,,
4	1,2935	50,11	30,12	,,
5	1,2930	50,04	30,08	,, bis auf geringe Mengen H_2SO_4
6	1,2925	49,97	30,04	,,
7	1,2957	50,42	30,31	,, bis auf Spuren H_2SO_4
8	1,2946	50,27	30,22	,, ,,
9	1,2952	50,35	30,27	,, ,,
10	1,2930	50,04	30,08	,,
11	1,2974	50,66	30,45	,,
12	1,2956	50,41	30,30	,,
13	1,2941	50,19	30,17	,, bis auf sehr geringe Spuren H_2SO_4
14	1,2930	50,04	30,08	,,

Bis auf hin und wieder nachweisbare Spuren von Schwefelsäure entsprach das Eisenchlorid stets den Anforderungen des Arzneibuches.

Formaldehydum solutum.

(Formaldehydlösung.)

Untersuchungsmethode: nach dem D. A. IV.

Untersuchungsresultate:

Formaldehydlösung kam im Berichtsjahre zweimal zur Prüfung.

Die Resultate waren folgende:

Nr.	Spez. Gew. bei 15⁰ C.	% Gehalt	Bemerkungen
1	1,0770	35,38—35,76	Entsprach sonst den Anforderungen des D. A. IV.
2	1,0815	34,80	,,

Die spezifischen Gewichte beider Formaldehydlösungen wiesen geringe Differenzen gegen die Grenzwerte des D. A. IV. auf, wurden aber nicht beanstandet.

Fette und Öle nebst Fett- und Ölsäuren.

A. Fette und Fettsäuren.

Acidum stearinicum crudum.

(Roh-Stearinsäure.)

Untersuchungsmethode: siehe Helfenberger Annalen 1897, S. 330 in dem Sinne erweitert, dass ausserdem noch die J.-Z. nach H.-W. bestimmt wird.

Untersuchungsresultate:

Nr.	Schmelzpunkt °C.	S.-Z. d.	E.-Z.	V.-Z. h.	J.-Z. n. H.-W.
1	56,5	202,88	13,24	216,12	2,15
2	—	206,02	10,95	216,97	—
3	—	—	—	217,00	—
4	56,5	209,50	0,00	209,50	3,05
5	—	—	—	208,90-209,00	—
6	56,0	207,76	0,00	207,76	2,57
7	55,0	208,32	7,88	216,20	2,88
8	—	—	—	216,80	—
9	—	210,60	3,80	214,40	3,22
10	56,0	206,90	0,00	206,90	2,57

Beanstandet wurden:

Nr.	Schmelzpunkt °C.	S.-Z. d.	E.-Z.	V.-Z. h.	J.-Z. n. H.-W.
1	51,0	210,46	0,00	210,46	21,40
2	51,0	207,76	0,00	207,76	22,32
3	50,0	208,32	7,88	216,20	24,69

Auch in diesem Jahre erhielten wir wieder drei Muster sogenannter Oxy-Stearinsäure, welche sich durch die höhere Jodzahl und durch niedrigeren Schmelzpunkt auszeichnet.

Adeps suillus.

(Schweinefett.)

a) Selbstausgelassen.

Untersuchungsmethode: siehe Helfenberger Annalen 1897, S. 331 und 332 und nach dem D. A. IV.

Untersuchungsresultate:

Nr.	Schmelz- punkt ^{0} C.	S.-Z.	J.-Z. n. H.-W.	Bemerkungen
1	42,0	0,39	50,99—51,44	E. d. A. d. D. A. IV.
2	46,0	0,56	48,22—49,32	„ bis auf den höheren Schmelzpunkt
3	42,0	0,28	52,72—53,51	„
4	44,0	0,67	56,66	„ „
5	37,0	0,84	49,49—49,98	„
6	41,0	0,67	58,13—58,53	„
7	47,0	0,29	49,81	„ „
8	46,0	0,66	51,09	„ „
9	47,0	0,66	51,67	„ „
10	47,0	0,86	50,33—50,93	„ „
11	44,0	1,00	52,33	„ „
12	45,0	0,16	56,11	„ „

Beanstandet wurden:

Nr.	Schmelz- punkt ^{0} C.	S.-Z.	J.-Z. n. H.-W.	Bemerkungen
1	46,0	2,80	51,69—52,33 —52,82	E. s. d. A. d. D. A. IV.
2	47,0	2,52	53,19—54,19 —54,54	„
3	43,0	2,52	58,62—58,69	„
4	46,0	2,80	52,34	„
5	40,0	1,68	57,85—58,68	„
6	41,0	2,52	57,90—57,98	„
7	42,0	1,76	50,90	„

b) Amerikanisch.

Untersuchungsmethode: siehe Helfenberger Annalen 1897, S. 331 und 332 und nach dem D. A. IV.

Untersuchungsresultate:

Nr.	Schmelz-punkt ° C.	S.-Z.	J.-Z. n. H.-W.	Bemerkungen
1	40,0	1,40	64,76	E. s. d. A. d. D. A. IV.
2	40,0	1,40	65,31	„
3	40,0	1,40	63,69	„
4	40,0	1.40	64,49	„
5	40,0	1,68	63,62 − 64,13	„
6	41,0	3,53	58,15	„
7	41,0	3,81	59,12	„
8	41,0	4,70	57,40	„
9	41,0	4,59	57,79	„
10	41,0	1,68	61,12—61,41 —61,76	„

Beanstandet wurden:

Nr.	Schmelz-punkt ° C.	S.-Z.	J.-Z. n. H.-W.	Bemerkungen
1	38,0	1,68	60,09—60,66	War stark wasserhaltig
2	40,0	1,48	71,30—72,40	Enthielt Baumwollensamenöl
3	42,0—43,0	2,66	67,40—67,70	Frei von Sesam- und Baumwollensamenöl
4	39,0	1,59	71,60—71,90	Enthielt Baumwollensamenöl
5	41,0	3,19	67,40	Frei von „

Schon seit dem Jahre 1901 machen wir die Bemerkung, dass es immer schwerer hält ein bezüglich des Schmelzpunktes dem D. A. IV. entsprechendes Schweinefett zu erhalten. Trotzdem wir nur von renommierten Landfleischern der hiesigen nächsten Umgebung kaufen und nur besten, rohen, dem Tiere frisch nach dem Schlachten entnommenen Schmer zum Selbstauslassen verwenden, stieg der Schmelzpunkt des fertigen, selbstausgelassenen und entwässerten Produktes in diesem Jahre bis auf 46—47° C. Im übrigen entsprach das Fett allen Anforderungen des D. A. IV.

Zuerst suchten wir natürlich die Ursache im eigenen Betriebe, indem wir kleine Durchschnittsmengen des Roh-Schmeres im Laboratorium selbst ausschmolzen und zwar erstens indem wir das Fett vorher zum Teil wässerten, zum andern Teil nicht wässerten und die Hauptmenge in der gewohnten Weise in der Fabrik verarbeiten liessen. Die erhaltenen Produkte wurden gleichzeitig nur auf Schmelzpunkt und Säurezahl geprüft und ergaben folgende Werte:

1. gewaschen und im Laboratorium
   selbst ausgelassen . . . . 41 ⁰ C. Sch.-P., 0,168 S.-Z.
2. nicht gewaschen und im Labora-
   torium selbst ausgelassen . . . 42⁰ C.   „   0,134   „
3. dasselbe gewaschen im Betrieb
   ausgelassen . . . . 42⁰ C.   „   0,448   „

Mit Ausnahme der Säurezahl, die bei dem im Gross-Betriebe ausgeschmolzenen und entwässerten Fett etwas höher wurde, waren im Schmelzpunkte nennenswerte Unterschiede nicht zu konstatieren. Die Erhöhung der Säurezahl lässt sich leicht dadurch erklären, dass bei der im Gross-Betriebe in Frage kommenden Menge von etwa 50 Pfund das Fett längere Zeit erhitzt werden muss, als bei einer kleinen mit etwa 250 g im Laboratorium vorgenommenen Vergleichsprobe. Auch das Entwässern des Fettes durch wasserfreies Natriumsulfat hat keinen Einfluss auf den Schmelzpunkt, wie wir uns durch entsprechende Versuche überzeugten.

Von einem andern Fleischer entnommener Roh-Schmer gab folgende Resultate:

im Laboratorium selbst ausgelassen 42⁰ C. Sch.-P., 0,504 S.-Z.
im Betriebe ausgelassen   42—43⁰ C.   „   0,670   „

Von einem dritten Lieferanten bezogener Roh-Schmer lieferte, im Laboratorium selbst ausgeschmolzen, ein Produkt,

das bei 47⁰ C. schmolz und dessen S.-Z. 0,44 war,

dasselbe im Betriebe ausgeschmolzen zeigte

ebenfalls 47⁰ C. Sch.-P. mit 0,29 S.-Z.

Von diesem dritten Lieferanten an vier verschiedenen anderen Terminen bezogene Sendungen Roh-Schmer ergaben

das eine Mal   42⁰ C. Sch.-P. u. 1,76 S.-Z.
das andere Mal   44⁰ C.   „   „ 1,00   „
das dritte Mal   { 46—47⁰ C.   „   „ 0,66   „ (i. Laborat. ausgel.)
                   {   47⁰ C.   „   „ 0,86   „ (i. Gross-Betrieb „)
das vierte Mal   45⁰ C.   „   „ 0,16   „

Da sämtliche Fette sonst von tadelloser Beschaffenheit waren und auch den Anforderungen des D. A. IV. genügten, sind wir der Meinung, dass die Differenzen im Schmelzpunkt entweder von der Rasse der Schweine, oder von der Verschiedenheit in der Art und Weise ihrer Mast herrühren.

Indem wir der begründeten Ansicht sind, dass die hohen Schmelzpunkte dem Schmere zukommen, welcher von österreich-ungarischen, sogen. Bagonierschweinen herrührt, wollen wir der Angelegenheit nochmals nähertreten, wenn es uns gelingt, Schmer zu erhalten, welcher notorisch von obengenannter Rasse stammt.

Unsere Vermutung stützt sich darauf, dass die kleineren Landfleischer, welche ihr Schlachtvieh nur von den Bauern der nächsten Umgebung kaufen, ihre Produktion an Schweinefett allein für ihre Kundschaft brauchen, und nicht imstande sind, an Fabriken, wie die unserige, Schmer in einigermassen grösseren Posten zu verkaufen. Diejenigen grösseren Fleischermeister aber, welche zur Lieferung an Fabriken in der Lage sind, können ihr gesamtes Schlachtvieh nicht in der nächsten Umgebung auftreiben, sondern müssen dasselbe weit her beziehen. Da wir hier nicht allzufern von der österreichischen Grenze sind, so ist es sehr naheliegend, dass auch öfters ausländische Schweine hier zur Schlachtung gelangen.

Inwieweit die Fütterung der Schweine auf das produzierte Fett von Einfluss ist, hatten wir Gelegenheit im Berichtsjahre durch einen im Haushalt vorgekommenen Fall kennen zu lernen. Ein aus gutem, nicht riechendem Roh-Schmer in der Küche ausgelassenes Fett verbreitete schon beim Ausschmelzen einen penetranten Geruch nach Tran resp. Heringen und schäumte auch beim Auslassen in ziemlich auffälliger Weise.

Das fertig ausgeschmolzene Fett war wegen seines Geruches für Speisezwecke als ungeniessbar zu bezeichnen. Leider war es uns aus Materialmangel nur möglich, bei dem Fett einen normalen Schmelzpunkt von 42—43° C. zu konstatieren. Für andere nähere Untersuchungen fehlte uns das Material, da der betreffende Fleischermeister, welcher das Fett auf Reklamation umgetauscht hatte, dasselbe, anscheinend eine behördliche Untersuchung fürchtend, nicht wieder herausgab. Durch Um-

frage bei Schweinezüchtern und Gutsbesitzern, welche auch
mehrere Male im Jahre Schweine für eigenen Konsum selbst
schlachten, konnte festgestellt werden, dass obiger Fall hin
und wieder vorkommt und davon herrührt, dass diejenigen,
welche sich mit der Mästung von Schweinen befassen, denselben oft Heringe, Heringsmehl, Heringslake etc. zu fressen
geben, um die Tiere zu starkem Saufen zu veranlassen, überhaupt durch dieses Futter auf die Fresslust derselben zu
wirken. Es wäre interessant gewesen, wie sich ein behörd-
liches Untersuchungsamt zur Beurteilung eines derartigen
Schweinefettes gestellt hätte, das, obwohl als Nahrungsmittel
ungeniessbar, doch nicht als verfälscht anzusehen war.
Interessante Versuche über die Fütterung von Schweinen und
nachherige Untersuchung des gewonnenen Speckes sind von
Dr. Klein am Milchwirtschaftlichen Institut zu Proskau unter-
nommen und in der Milchzeitung vom Jahre 1903 in · den
Nrn. 26 und 27 veröffentlicht worden.

Pflanzentalg.

Der rohe Pflanzentalg besass eine schmutzig weisse Farbe,
die glattgeschnittenen Flächen desselben zeigten durch die
eingebetteten Gewebeelemente und Schmutzteilchen ein mar-
moriertes Aussehen. Diese Fremdkörper wurden ebenso wie
das Wasser durch Filtrieren und Trocknen entfernt. Nach dem
Erkalten hatte der Pflanzentalg eine ganz andere, bedeutend
festere Konsistenz, sowie eine reine, helle Farbe angenommen
und ähnelte nun in seinem Äusseren vollkommen dem Rinder-
talg. Er war löslich in den gewöhnlichen Fettlösungsmitteln
(Äther, Petroläther, Benzin, Benzol, Schwefelkohlenstoff, Chloroform und Amylalkohol); in Methylalkohol, absolutem Alkohol
und 96%igem Spiritus war er so gut wie unlöslich. Wurde
der Pflanzentalg analog der D. A. IV. Probe für Hammeltalg
mit 96%igem Alkohol ausgekocht, so gab er nach dem Erkalten ein Filtrat, das mit Lackmus nur sehr schwach sauer
reagierte und mit Wasser nur eine Opaleszenz aber keine
Trübung gab.

Der rohe Pflanzentalg enthielt:

0,80% Schmutz- und Gewebeelemente,
1,00% Wasser.

Der getrocknete und durch Filtration gereinigte Pflanzentalg ergab bei der Untersuchung folgende Werte:

Schmelzpunkt . . . . 41° C.
Erstarrungspunkt . . . . 29° C.
Säurezahl 10,08
Verseifungszahl, heiss . . . . 208,4—209,8
Jodzahl n. Hübl-Waller . . . . . . 28,83—29,03—29,10
Spez. Gew. bei 50° C. (bezogen auf Wasser
 von 15° C.) 0,8930
Refraktometerzahl bei 40° C. . . . . 44,7 Skalen-Teile
Brechungsindex . . . . 1,4557.

Wir stellten uns aus dem gereinigten Pflanzentalg nach dem in früheren Jahren in diesen Annalen beschriebenen Verfahren auch die Fettsäuren desselben dar, und bestimmten auch von diesen einige Konstanten. Nachstehend die erhaltenen Resultate:

Schmelzpunkt . . . . . . 56° C.
Erstarrungspunkt . . . . 52° C.
Säurezahl . . . . 210,6—211,3
Jodzahl n. Hübl-Waller . 30,07—30,36.

Presstalg (aus Rindertalg).

Untersuchungsmethode: siehe Helfenberger Annalen 1897, S. 333.

Untersuchungsresultate:

Nr.	Schmelzpunkt ^{0} C.	J.-Z. n. H.-W.	S.-Z.	Bemerkungen
1	55 ^{0}	21,98	0,67	Aussehen und Farbe: Normal.

Presstalg kam im Berichtsjahre nur einmal zur Prüfung und entsprach in den gefundenen Werten völlig den schon früher dafür festgelegten Konstanten.

Sebum bovinum.

(Rindertalg.)

Untersuchungsmethode: siehe Helfenberger Annalen 1897, S. 333.

Untersuchungsresultate:

Nr.	Schmelzpunkt ^{0} C.	S.-Z.	J.-Z. nach H.-W.	Bemerkungen
I. Sorte.				
1	48,0	1,40	38,54	Aussehen und Geruch normal.
2	49,0	1,45	36,42	,,
3	49,0	1,12	38,41	,,
4	49,0	0,89	40,57	,,
5	48,0—49,0	0,78	37,23	,,
6	47,0	1,17	36,83	,,
7	47,0	1,23	38,58	,,
8	48,5—49,0	2,12	40,85	,,
9	46,0—47,0	1,43	39,50	,,
10	47,0	2,35	40,23	,,
11	48,0	1,57	36,14	,,
12	48,0	1,68	37,09	,,
13	47,0	2,16	38,37	,,
14	48,0	1,52	36,40	,,
Beanstandet wurden:				
1	47,0	1,23	32,86	Aussehen und Geruch normal.
2	48,0	1,23	33,11	,,

Nr.	Schmelzpunkt ⁰ C.	S.-Z.	J.-Z. nach H.-W.	Bemerkungen
II. Sorte.				
1	46,0—47,0	1,90	36,80	Aussehen und Geruch normal.
2	45,0—46,0	0,56	41,25	,,
3	45,0	1,12	35,38	,,
4	45,0—46,0	0,56	39,79	,,
5	46,0	1,06	—	,,
6	46,0	1,68	38,29	,,

Die Farbe ist bei Rindstalg zweiter Sorte etwas dunkler gelb und der natürliche Geruch etwas stärker als bei der ersten Sorte. Die zweite Sorte hat nur theoretisches Interesse für uns, da sie nicht direkt zur Verarbeitung gelangt, sondern erst einem Reinigungsprozess unterworfen wird.

Beanstandet wurde:

1	46,0	13,44	39,62	Geruch sehr ranzig.

Sebum ovile.

(Hammeltalg.)

Untersuchungsmethode: siehe Helfenberger Annalen 1897, S. 333 und nach dem D. A. IV.

Untersuchungsresultate:

Nr.	Schmelz- punkt ⁰ C.	S.-Z.	J.-Z. nach H.-W.	Bemerkungen	
A) Deutscher Hammeltalg.					
1	48,0	1,29	41,25	E. d. A. d. D. A. IV.	Aussehen u. Geruch gut.
2	49,5	3,33	40,32	,,	,,
3	49,0	2,56	39,44	,,	,,
4	48,0	2,31	40,01	,,	,,
5	48,0	2,24	38,21	,,	,,
6	48,0	1,95	35,10	,,	,,
7	47,0—48,0	2,02	37,11	,,	,,
8	48,0	2,09	36,33	,,	,,
9	49,0	2,70	37,90	,,	,,
10	48,0—49,0	2,80	34,70	,,	,,

Nr.	Schmelz-punkt °C.	S.-Z.	J.-Z. nach H.-W.	Bemerkungen
11	48,0	2,90	35,24	E. d. A. d. D. A. IV. — Aussehen u. Geruch gut.
12	49,0	3,30	35,04	„ „
13	49,0	2,12	37,05	„ „
14	48,0—49,0	2,12	35,59	„ „
15	49,0	2,05	37,61	„ „
16	49,0	2,67	36,39	„ „
17	48,0	1,96	37,92	„ bis auf die Weingeistprobe, welche nicht gehalten wird „
18	49,0	3,90	38,63	„ „ „
19	48,0—49,0	1,87	36,87	„ „ „
20	48,0	3,92—3,94	39,51	„ „ „
21	50,0	1,79	38,22	„ „
22	49,0	2,35	37,92	„ „
23	48,0	2,12	35,45	„ „
24	47,0—48,0	3,26	36,76	„ bis auf die Weingeistprobe „
25	49,0	2,27	37,93	„ „ „
26	49,0	3,36	38,14	„ „ (starke Trübung) „
27	48,0	2,80	40,44	„ „ „
28	49,0	2,80	39,27—39,56	„ „ „
29	49,0	3,36	36,68—36,21	„ „ „
30	49,0	3,63	37,26—38,36	„ „ „
31	49,0	2,80	35,40	„ „ „
32	50,0	2,80	35,45	„ „ „
33	48,0	3,42	36,61—36,64	„ „ „

B) Australischer Hammeltalg.

Nr.	Schmelz-punkt °C.	S.-Z.	J.-Z. nach H.-W.	Bemerkungen
1	49,0	1,12	39,77—40,22	E. d. A. d. D. A. IV. — Aussehen u. Geruch gut.
2	50,0—51,0	1,40	38,41	„ bis auf den etwas erhöhten Schmelzpunkt „
3	50,0 51,0	1,68	—	„ „ „
4	50,0—51,0	2,46	40,11	„ „ „
5	51,0	1,40	40,31—40,56	„ „ „

Beanstandet wurden:

Nr.	Schmelz-punkt °C.	S.-Z.	J.-Z. nach H.-W.	Bemerkungen
1	48,0	5,60	42,51—43,17	Bei der Weingeistprobe wird Lackmuspapier stark gerötet und der Weingeist durch Wasser stark getrübt.
2	48,0	1,68	43,74—44,64	

B. Öle und Ölsäuren.

Acidum oleïnicum crudum album.

(Rohes weisses Olein.)

Untersuchungsmethode: siehe Helfenberger Annalen 1897, S. 334 und 335.

Untersuchungsresultate:

Nr.	S.-Z. d.	E.-Z.	V.-Z. h.	J.-Z. n. H.-W.	Bemerkungen
1	186,93	1,50	188,43	70,37	Bei Zimmertemperatur fest.
2	182,21	7,06	189.27	82,23—84,86	—
3	194,22	2,75	196,97	79,73	—
4	195,90	2,10	198,00	75,18	Refr.-Zahl bei 30° C. = 47,0 Sk.T.
5	197,30	1,10	198,40	78,25	—
6	200,32	1,35	201,67	78,48—80,60	—
7	196,14	5,29	201,43	81,90	—
8	195,85	4,19	200,04	81,13	—
9	201,54	0,77	202,31	82,85	—
10	194,94	7,21	202,15	78,41	—
11	196,46	7,56	204,02	80,34	—
12	—	—	—	—	0,897 Spez. Gew. bei 15° C. Refr.-Zahl bei 25°C. = 61,0 Sk.T.
13	193,64	4,91	198,55	84.18	—
14	193,88	7,68	201,56	84,99	—
15	189,80	6,90	196,70	70,50	—
16	196,00	3,30	199,30	73,50	—
17	189,20	7,20	196,40	85,00	—

Beanstandet wurden:

Nr.	S.-Z. d.	E.-Z.	V.-Z. h.	J.-Z. n. H.-W.	Bemerkungen
1	161,10	2,57	163,67	51,48	—
2	196,26	21,89	218,15	75,66	—

Acidum oleïnicum crudum flavum.

(Rohes gelbes Olein.)

Untersuchungsmethode: siehe Helfenberger Annalen 1897, S. 334 u. 335.

Untersuchungsresultate:

Nr.	S.-Z. d.	E.-Z.	V.-Z. h.	J.-Z. n. H.-W.	Bemerkungen
1	192,08	1,91	193,99	78,36	—
2	195,73	1,76	197,49	88,35	—
3	194,47	2,03	196,50	78,58	—
4	192,69	9,22	201,91	94,29	—
5	191,60	8.22	199,82	93,80	—
6	192,30	8,79	201,09	91,02	—
7	188,80	11,86	200,66	94,91	—
8	195,80	2,60	198,40	84,30	—
9	191,80	5,10	196,90	84,00	—
10	188,50	6,20	194,70	77,50	—
11	186,50	5,90	192,40	74,13	—
12	197,30	1,70	199,00	83,76	Refr.-Zahl bei 30° C. = 50,0 Sk.T.
13	—	—	—	—	0,903 Spez. Gew. bei 15° C. Refr.-Zahl bei 25° C. = 55,0 Sk.T.

Beanstandet wurden:

1	180,00	9,70	189,70	77,00
2	184,63	2,29	186,92	70,67
3	104,88	11,24	116,12	54,38

Oleum Arachidis.

(Arachis- oder Erdnussöl.)

Untersuchungsmethode:

a) S.-Z.   wie bei Adeps suillus
b) J.-Z. n. H.-W.   „   „   „   „
c) V.-Z. h.   „   „ Acidum oleïnicum crudum
d) Prüfung auf Sesamöl wie bei Oleum Olivarum.

Untersuchungsresultate:

Von Arachisöl kam im Berichtsjahre nur eine Sendung zur Prüfung. Nachstehend die erhaltenen Werte:

S.-Z. d. 5,6
J.-Z. n. H.-W.. . . . 81,61
V.-Z. h. 189,75

Das Öl gab deutlich die Reaktion auf Sesamöl.

Hierzu wäre zu bemerken, dass die Jodzahl etwas niedriger ist als bisher gefunden (86,0—90,0), möglicherweise liegt dies an einem niedrigeren Gehalt an Sesamöl, mit welchem alle Erdnussöle des Handels vermischt zu sein scheinen.

Oleum Cacao.

(Kakaobutter.)

Untersuchungsmethode: siehe Helfenberger Annalen 1897, S. 336 und nach·dem D. A. IV.

Untersuchungsresultate:

Nr.	Schmelzpunkt ^{0} C.	S.-Z.	J.-Z. n. H.-W.	Bemerkungen
1	31,0	19,47	35,78	Gussprobe Geruch und normal Geschmack gut
2	31,0—32,0	25,36	36,26	„ „
3	31,0—32,0	19,50	35,38	„ „
4	32,0—33,0	20,17	35,75	„ „
5	34,0—35,0	16,80	35,66	„ „
6	34,0—35,0	21,84	34,89	„ „
7	33,0—34,0	11,20	34,04	„ „
8	34,0	12,32	35,21	„ „
9	34,0	16,82	34,98	„ „
10	34,0	18,48	36,25	„ „
11	31,0—32,0	14,00	36,27	„ „
12	29,0—30,0	17,92	35,05	„ „

Beanstandet wurden:

Nr.	Schmelzpunkt ^{0} C.	S.-Z.	J.-Z. n. H.-W.	Bemerkungen
1	31,0	26.03	33,47	Gussprobe normal
2	32,0	22,40	38,72—38,78	„
3	28,0	36,40	36,39	„ Geschmack ranzig
4	29,0	29,12	34,43	„

Der Schmelzpunkt der Kakaobutter lag im Berichtsjahre meistens 1—2^0 C. höher als von dem D. A. IV. zugelassen; bei sonst normaler Säure- und Jodzahl war uns diese geringe Differenz jedoch kein Grund zur Beanstandung.

Oleum Cocos Cochinchina.

(Cochinchina-Kokosöl.)

Untersuchungsmethode:

a) Schmelzpunkt s. H. A. 1897, S. 336, wie bei Ol. Cacao.
b) S.-Z. s. H. A. 1897, S. 331, wie bei Adeps suillus.
c) V.-Z. h. s. H. A. 1897, S. 330) wie bei Acid.
d) V.-Z. k. „) stearinicum.
e) J.-Z. n. H.-W. s. H. A. 1897, S. 336, wie bei Ol. Olivarum.

Untersuchungsresultate:

Nr.	Schmelz-punkt ^{0} C.	S.-Z. d.	J.-Z. n. H.-W.	V.-Z. h.	Bemerkungen
1	26,0	3,24	7,84	254,90	Aussehen u. Geruch normal
2	26,0	3,36	8,30	250,60	„
3	27,0	2,80	10,42	—	„
4	25,0	neutral	9,84	262,00	„
5	25,0	„	9,32	261,70	„ Refraktometerzahl bei 40 ^{0} C. = 35,0 Sk.T.

Oleum Jecoris Aselli album.

(Lebertran.)

Untersuchungsmethode: siehe Helfenberger Annalen 1897, S. 337 und 338 und nach dem D. A. IV., mit der Änderung, dass wir bei der Jodzahlbestimmung nach dem D. A. IV., 0,1—0,2 g Lebertran anwenden und 18 Stunden stehen lassen.

Untersuchungsresultate:

Nr.	S.-Z.	J.-Z. n. H.-W.	V.-Z. h.	Bemerkungen
1	1,40	129,70	191,00	Farbe, Geruch u. Geschmack normal. E. s. d. A. d. D. A. IV.
2	1,40	129,10	—	„ „ „
3	1.40	129,60	192,50	„ „ „
4	1,68	122,20	185,40	„ „ „
5	1,68	123,90	187,90	„ „ „
6	1,12	133,70	187,50	„ „ „
7	1,12	135,90	188,80	„ „ „
8	1,45	133,80	186,50	„ „ „
9	1,45	133,30	185,50— 185,70	„ „ „

Beanstandet wurden:

Nr.	S.-Z.	J.-Z. n. H.-W.	V.-Z. h.	Bemerkungen
1	2,80	114,30— 116,60	187,20— 187,50	E. s. d. A. d. D. A. IV.
2	1,08	138,60	204,00	Elaïdinprobe stark braun und breiig.
3	1,17	135,50	199,00	„ „ „
4	1,34	133,50	212,80	„ „ „

Im Anschluss an Lebertran berichten wir im folgenden Artikel über den von der Firma C. A. F. Kahlbaum-Berlin unter dem Namen Lipanin in den Handel gebrachten wohlschmeckenden und leichtverdaulichen Lebertranersatz.

Lipanin.

(Lebertran-Ersatz.)

Untersuchungsmethode:

a) J.-Z. n. H.-W. s. H. A. 1897, S. 336.
b) S.-Z. d. s. H. A. 1897, S. 331.
c) V.-Z. h. s. H. A. 1897, S. 330.

Untersuchungsresultate:

Nr.	J.-Z. n H.-W.	S.-Z. d.	V.-Z. h.
1	94,11	10,64	181,50
2	98,22	11,20	185,80
3	89,54	10,64	192,24

Schon im Jahre 1901 in den Annalen 1900 haben wir Gelegenheit genommen das Lipanin zu untersuchen. Die Jodzahl der drei diesjährigen Lipanin-Sendungen war durchschnittlich und zum Teil bedeutend höher. Wir erweiterten die Prüfung insofern, als wir noch die Säurezahl und die Verseifungszahl auf heissem Wege bestimmten.

Die äusseren Eigenschaften des Lipanins, Geschmack und Farbe, sind gegen früher die gleichen geblieben. Die Lebertran-„Ersatz"-Frage hat dadurch, dass der Tran wieder billiger geworden ist, unterdessen an Bedeutung verloren.

Oleum Lauri.

(Lorbeeröl.)

Untersuchungsmethode:

a) S.-Z. s. H. A. 1897, S. 331, wie bei Adeps suillus.
b) V.-Z. h. ⎱ s. H. A. 1897, S. 330,
c) V.-Z. k. ⎰ wie bei Acid. stearinicum.
d) J.-Z. n. H.-W. s. H. A. 1897, S. 336 wie unter Olea beschrieben.
e) nach dem D. A. IV.

Untersuchungsresultate:

Lorbeeröl kam im Jahre 1904 nur eine Probe zur Untersuchung.

Die gewonnenen Resultate waren folgende:

Schmelzpunkt . . . . 32° C.
S.-Z. d. . . . . 13,16— 13,32
E.-Z. . . . . 199,94—205,18
V.-Z. h. . . . . . . 213,10—218,50
J.-Z. n. H.-W. . . . . 66,56— 66,58

Bis auf den Schmelzpunkt entsprach das Lorbeeröl auch den übrigen Anforderungen des D. A. IV., die anderen Werte entsprachen denen früherer Jahre.

Oleum Lini.

(Leinöl.)

Untersuchungsmethode:

a) S.-Z. s. H. A. 1897, S. 331, wie bei Adeps suillus.
b) V.-Z. h.   „   S. 330, „   „   Acid. stearinicum.
c) J.-Z. n. H.-W. s. H. A. 1897, S. 336, wie unter Olea beschrieben.
d) nach dem D. A. IV.

Untersuchungsresultate:

Nr.	S.-Z. d.	V.-Z. h.	J.-Z. n. H.-W.
1	0,84	193,10	155,90
2	0,84	193,20	159,40

Beide im Jahre 1904 untersuchten Leinölproben entsprachen auch sonst sowohl in Farbe, Geruch und Geschmack, als auch in den sonstigen Anforderungen dem D. A. IV.

Oleum Nucistae.

(Muskatnussöl, Muskatbutter.)

Untersuchungsmethode: siehe Helfenberger Annalen 1897, S. 337 und nach dem D. A. IV.

Untersuchungsresultate:

Nr.	S.-Z. d.	E.-Z.	V.-Z. h.	J.-Z. n. H.-W.	Schmelzpunkt ^{0} C.	Refr.-Zahl bei 50^0 C.
1	56,00	99,73	155,73	40,83	41,0—42,0	—
2	86,80	54,40	141,20	41,03	46,0	55 Sk.T.

Im Berichtsjahre kamen zwei Sendungen Muskatbutter zur Prüfung. Wie die vorangestellten Resultate zeigen, waren diese beiden Handelsprodukte wieder ganz verschiedener Zusammensetzung, eine Beobachtung, die wir in den letzten Jahren stets gemacht haben.

Bei Nr. 1 blieb auch der Schmelzpunkt um 3—4^0 C. unter der niedrigsten vom D. A. IV. zugelassenen Grenze.

Oleum Olivarum commune.

(Gewöhnliches Olivenöl, Baumöl.)

Untersuchungsmethode: siehe Helfenberger Annalen 1897, S. 338 und nach dem D. A. IV.; ferner die S.-Z. s. H. A. 1897, S. 331.

Untersuchungsresultate:

Nr.	J.-Z. n. H.-W.	S.-Z. d.	V.-Z. h.	Bemerkungen	
1	84,55— 85,57	9,24	—	Elaïdinprobe gut, sesamölfrei.	E. s. d. A. d. D. A. IV.
2	84,33	16,80	—	„	„
3	82,77	8,68	—	„	„
4	83,40	10,08	—	„	„
5	82,82	8,68	—	„	„
6	85,98— 86,04	2,24	—	„	„
7	82,43	14,50	197,38	„	„
8	84,29	18,90	187,41	„	„
9	81,65	7,16	187,70	„	„
10	81,75	7,38	191,07	„	„
11	82,83	7,60	188,60	„	„
12	82,77	7,26	189,70	„	„

Beanstandet wurden:

Nr.	J.-Z. n. H.-W.	S.-Z. d.	V.-Z. h.	Bemerkungen	
1	89,43— 89,56	21,84	—	Elaïdinprobe genüg., sesamölfrei.	E. s. d. A. d. D. A. IV.
2	89,35	2,24	—	„	„
3	83,16	26,00	—	„	„
4	83,18	26,00	—	„	„
5	83,97	26,00	—	„	„
6	82,17	23,90	188,61	„	„

Oleum Olivarum provinciale.

(Olivenöl, Bariöl.)

Untersuchungsmethode: siehe Helfenberger Annalen 1897, S. 338 und nach dem D. A. IV.; ferner die S.-Z. s. H. A. 1897, S. 331.

Untersuchungsresultate:

Nr.	J.-Z. n. H.-W.	S.-Z.	Bemerkungen		
1	80,04—80,13	1,96	Elaïdinprobe sehr gut.	Sesamölprüfung negativ.	E. d. A. d. D. A. IV.
2	82,19—83,51	7,00	„	.,	„
3	79,14—79,71	4,76	„	„	„
4	80,93—81,96	—	„	„	,.
5	80,19—80,91	3,36	.,	.,	„
6	83,60	2,41	„	„	„

Beanstandet wurden:

Nr.	J.-Z. n. H.-W.	S.-Z.	Bemerkungen		
1	87,42—89,35	2,24	Elaïdinprobe gut.	Sesamölprüfung negativ.	E. d. A. d. D. A. IV.
2	85,98—86,04	2,24	„	„	„

Oleum resinae.

(Harzöl.)

Untersuchungsmethode:
- a) S.-Z. d.
- b) V.-Z. k.
- c) V.-Z. h.
- d) J.-Z. n. H.-W.
- e) Spezifisches Gewicht bei 15 ⁰ C.

siehe H. A. 1897, S. 335, 336.

Untersuchungsresultate:

Nr.	Spez. Gew. bei 15⁰ C.	S.-Z. d.	E.-Z.	V.-Z. h.
1	0,9830	1,12	6,28	8,40
2	0,9820	0,45	2,35	2,80
3	0,9840	0,14	6,58	6,72
4	0,9835	0,11	5,49	5,60

Oleum Ricini.

(Ricinusöl.)

Untersuchungsmethode: siehe Helfenberger Annalen 1897,
S. 339, und nach dem D. A. IV.;
ferner die S.-Z. s. H. A. 1897, S. 331.

Untersuchungsresultate:

Nr.	J.-Z. n. H.-W.	S.-Z.	Bemerkungen
1	83,28	1,12	Geschmack normal. E. d. A. d. D. A. IV.
2	84,53	1,96	,, ,,
3	81,98	1,68	,, ,,
4	83,85	2,52	,, ,,
5	82,87	2.01	,, ,,
6	83,33	2,12	,, ,,

Beanstandet wurden:

Nr.	J.-Z. n. H.-W.	S.-Z.	Bemerkungen
1	84,43	3,08	Geschmack unangenehm. E. s. d. A. d. D. A. IV.
2	84,10	3,36	,, ,,

Gelatine, Gelatineleim, Knochenleim.

Untersuchungsmethode: Bestimmung des Wasser- und Asche-
gehaltes, qualitative Prüfung der Asche. Löslichkeit in
Wasser. (Muss sich in warmem Wasser leicht und
möglichst klar lösen.)

Untersuchungsresultate:

	Nr.	% Feuchtigkeit	% Asche	Bemerkungen
Gelatineleim	1	—	1,63	Fast geruchlos.
Klärleim	1	15,14	—	Lösung normal.
Lederleim (Pulver)	1	15,70	1,041	,,
,,	2	14,60	1,046	,,
,,	3	14,56	1,079	,,
,,	4	15,81	1,095	,,

Von Lederleim in Tafeln haben wir im vorigen Jahre in
3 Fällen die Quellfähigkeit bestimmt, indem wir je eine Tafel
wogen und 24 Stunden bei Zimmertemperatur in destilliertem
Wasser liegen liessen. Nach dieser Zeit wurde die gequollene
Leimtafel herausgenommen und nach dem Abtrocknen mit
Filtrierpapier wieder gewogen. Die Gewichtszunahme betrug
auf 100 g Lederleim berechnet 325,1, 337,6 und 356,5 %.

Glycerinum.

(Glyzerin.)

Untersuchungsmethode: nach dem D. A. IV.

Untersuchungsresultate:

Nr.	Spez. Gew. b. 15° C.	Bemerkungen
1	1,2310	E. d. A. d. D. A. IV.
2	1,2320	,,
3	1,2350	,. Mit $AgNO_3$ deutliche Opaleszenz.
4	1,2320	,, ,,
5	1,2315	,,
6	1,2350	,. ,,
7	1,2350	,,
8	1,2310	,,
9	—	,, bis auf sehr deutlichen Buttersäuregeruch.
10	1,2306	,,
11	1,2330	,,
12	1,2309	,,
13	1,2306	,,
14	1,2308	,,
15	1,2306	,,
16	1,2309	,,

Beanstandet wurden:

Nr.	Spez. Gew. b. 15° C.	Bemerkungen
1	1,2360	E. s. d. A. d. D. A. IV.
2	1,2230	,, bis auf deutliche Gelbfärbung mit H_2S.
3	1,2380	,.
4	1,2230	,, ,,
5	1,2368	,,
6	1,2230	,, ,,

Gummi arabicum.

(Arabisches Gummi.)

Untersuchungsmethode: siehe Helfenberger Annalen 1897 S. 341 und nach dem D. A. IV.

Untersuchungsresultate:

Nr.	S.-Z. ind.	% Asche	Bemerkungen
technicum			
1	16,80	2,77	E. s. d. A. d. D. A. IV. Gummierungsprobe gut.
2	14,00	2,62	„ „

Im Berichtsjahre kamen nur zwei dunklere Gummisorten zur Untersuchung, die beide den von uns und dem D. A. IV. gestellten Anforderungen entsprachen.

Hydrargyrum.

(Quecksilber.)

Untersuchungsmethode: nach dem D. A. IV.

Untersuchungsresultate:

Quecksilber kam in 8 grösseren Sendungen zur Prüfung. Meistens enthielt dasselbe aus den Versandflaschen herstammend, grössere Mengen Eisenoxyd (Eisenhammerschlag), zweimal enthielten auch die Flaschen bedeutende Mengen Wasser und Öl. Das Quecksilber entsprach, wenn man es vorher durch ein gelochtes Papierfilter laufen liess, den Anforderungen des D. A. IV. Es war dann stets völlig flüchtig und auch ohne Rückstand in Salpetersäure löslich.

Vor der Verarbeitung zur Salbe wird es hier stets durch Flanellbeutel koliert.

Hydrargyrum praecipitatum album.

(Weisser Quecksilberpräzipitat.)

Untersuchungsmethode: nach dem D. A. IV. und Helfenberger Annalen 1900, S. 145.

Untersuchungsresultate:

Im Jahre 1904 kamen 4 Kaufmuster und 4 Sendungen weissen Quecksilberpräzipitats zur Prüfung und zwar nach den Vorschriften des D. A. IV. Die Löslichkeit in Essigsäure, welche wir nach der im Vorjahre in diesen Annalen angegebenen Vorschrift ausführen, war stets normal. Beim Erhitzen war dasselbe meistens völlig flüchtig oder hinterliess nur unwägbare Spuren von Rückstand.

Kalium bicarbonicum.

(Doppeltkohlensaures Kalium.)

Untersuchungsmethode: nach dem D. A. IV.

Untersuchungsresultate:

Nr.	% Glührückstand	Bemerkungen
1	66,57	$1,00 = 9,9$ ccm $\frac{n}{1}$ H Cl. E. s. d. A. d. D. A. IV.
2	68,87	$1,00 = 10,0$ „ „ „

Probe Nr. 1 des doppeltkohlensauren Kaliums gab zu wenig Glührückstand und blieb auch bei der Titration hinter der Anforderung des D. A. IV. zurück.

Kalium carbonicum.

(Kohlensaures Kalium.)

Untersuchungsmethode: nach dem D. A. IV.

Untersuchungsresultate:

Nr.	$\%$ K_2CO_3	Bemerkungen
1	96,60	E. d. A. d. D. A. IV.
2	—	„
3	96,12	„

Lacca musci.

(Lackmus.)

Untersuchungsmethode: siehe Helfenb. Annalen 1897, S. 342.

Untersuchungsresultate:

Im Berichtsjahre kamen 8 Proben (4 Muster und 4 Sendungen Lackmus) zur Prüfung. Die von uns schon seit vielen Jahren geforderte Färbekraft zeigten alle Proben; jedoch lässt die Methode kein sicheres Urteil zu, ob eine Lackmussendung auch im Betriebe betreffs der Ausbeute genügend ergiebig ist.

Wir stellen bekanntlich bei der Prüfung einen wässerigen Auszug des Lackmus von 0,0025 g in 100 ccm Wasser her und beurteilen, ob derselbe in einer Schichthöhe von 20 cm gesehen noch deutlich blau gefärbt erscheint. Da sich bei den verhältnismässig grossen Zeitzwischenräumen, in welchen Lackmus zur Prüfung kommt, Testlösungen aber nicht halten, um immer Vergleichsproben anstellen zu können, so ist die Beurteilung der Färbekraft auf diese Weise sehr individuell und dadurch anscheinend manchmal sehr unsicher. Wir wollen im kommenden Jahre versuchen auf anderem Wege zu einer für die Ausgiebigkeit von Lackmus brauchbaren Prüfungs-Methode zu gelangen.

Als Vorversuche möchten wir folgende mitteilen:

In einer Lackmussendung bestimmten wir die

$$\begin{aligned}
&\text{Feuchtigkeit zu} \quad . \ . \ . \ . \quad 1{,}404\,\%\\
&\text{Asche zu} \ . \ . \ . \ . \ . \ . \quad \underline{92{,}935 \ \text{„}}\\
&\text{in Summa} \quad . \ . \ . \ . \ . \ . \quad 94{,}339\,\%.
\end{aligned}$$

Die mit Wasser ausziehbaren Stoffe könnten demnach im Höchstfalle 5,661 % betragen.

Von derselben Lackmusprobe haben wir etwa 10 g fein gepulvert, so oft mit 100—150 ccm destilliertem, heissem Wasser ausgezogen, bis die über dem sich schnell absetzenden Bodensatz stehende Flüssigkeit kaum noch gefärbt war, ein Zeichen, dass alle in heissem Wasser löslichen Bestandteile extrahiert waren.

Das Ganze, Extraktionsflüssigkeiten und Bodensatz, wurde in einen Literkolben gespült, zur Marke aufgefüllt, tüchtig umgeschüttelt, und sofort durch ein trockenes Doppelfilter filtriert und so oft zurückgegossen bis das Filtrat, auch nach längerem Stehen keine Kalkteilchen, welche bei der Filtration zuerst immer mit hindurchgehen, mehr absetzte.

Das Aufschütteln des Bodensatzes wurde absichtlich deshalb vorgenommen, um denselben mit aufs Filter zu bringen und die Poren des letzteren dadurch zu verstopfen. Von dem nun völlig klaren und von jeglichem Bodensatz freien Filtrate wurden je 100 ccm eingedampft, bis zum konstanten Gewicht getrocknet und gewogen und schliesslich noch der Aschengehalt dieses, wenn man es so bezeichnen darf, Lackmusextraktes ermittelt.

Das Resultat war folgendes:
Es wurden erhalten 7,310—7,447 % in heissem Wasser lösliche
    Körper.
Das Lackmusextrakt lieferte
auf 100 Teile Extrakt berechnet . . . . 55,313 % Asche
„ 100   „   angewandten Lackmus berechnet   4,043 „   „

Auf Grund dieser wenigen Vorversuche wollen wir heute absolut von einem Urteil absehen, werden aber diese Versuche in den angedeuteten Richtungen und was hier besonders von Wichtigkeit ist, mit möglichst vielen Lackmusproben verschiedenster Handelsmarken und verschiedenster Herkunft fortsetzen und hoffen, wenn nicht schon eher, spätestens in den kommenden Annalen hierüber ausführlich berichten zu können.

Liquor Ammonii caustici duplex.

(Doppelte Ammoniakflüssigkeit.)

Untersuchungsmethode: nach dem D. A. IV.

Untersuchungsresultate:

Nr.	Spez. Gew. bei 15⁰ C.	Gew. % NH$_3$	Bemerkungen
1	0,9140	23,68	Entsprach den Anforderungen des D. A. IV.
2	0,9110	24,66	,,
3	0,9120	24,33	,,
4	0,9108	24,73	,,
5	0,9158	23,10	,,
6	0,9110	24,66	,,
7	0,9100	24,99	,,
8	0,9120	24,33	,,
9	0,9110	24,66	,,
10	0,9240	20,49	,,
11	0,9108	24,73	,,
12	0,9158	23,10	,,
13	0,9110	24,66	,,
14	0,9120	24,33	,,
15	0,9108	24,73	,,
16	0,9109	24,69	,,
17	0,9158	23,10	,,
18	0,9100	24,99	,,
19	0,9110	24,66	,,
20	0,9120	24,33	,,
21	0,9100	24,99	,,
22	0,9158	23,10	,,
23	0,9100	24,99	,,
24	0,9100	24,99	,,
25	0,9109	24,69	,,
26	0,9108	24,73	,,
27	0,9120	24,33	,,
28	0,9100	24,99	,,
29	0,9158	23,10	,,
30	0.9120	24,32	,,
31	0,9105	24,82	,,
32	0,9109	24,69	,,
33	0,9119	24,36	,,

Nr.	Spez. Gew. bei 15° C.	Gew. % NH$_3$	Bemerkungen
34	0,9108	24,73	Entsprach den Anforderungen des D. A. IV.
35	0,9125	24,16	,,
36	0,9126	24,13	,,
37	0,9100	24,99	,,
38	0,9120	24,33	,,
39	0,9119	24,36	,,
40	0,9124	24,20	,,
41	0,9100	24,99	,,
42	0,9110	24,66	,,
43	0,9120	24,33	,,
44	0,9135	23,84	,,
45	0,9138	23,74	,,
46	0,9116	24,46	,,
47	0,9113	24,56	,,
48	0,9112	24,59	,,
49	0,9115	24,50	,,
50	0,9100	24,99	,,
51	0,9110	24,66	,,
52	0,9138	23,74	,,
53	0,9110	24,66	,,
54	0,9100	24,99	,,
55	0,9120	24,33	,,
56	0,9100	24,99	,,
57	0.9110	24,66	,,
58	0,9120	24,33	,,
59	0,9138	23,74	,,
60	0,9100	24,99	,,
61	0,9120	24,33	,,
62	0,9138	23,74	,,
63	0,9120	24,33	,,

Liquor Kali caustici crudus.

(Rohe Kalilauge.)

Untersuchungsmethode: Spez. Gew. bei 15⁰ C., Titration des Gehaltes an KOH, qualitativ nach dem D. A. IV.

Untersuchungsresultate:

Nr.	Spez. Gew. bei 15⁰ C.	Titrierter Gehalt an % KOH	Bemerkungen
1	1,393	38,59	Enthielt Chloride, Karbonate.
2	—	40,88	,,
3	—	40,32	,,
4	—	38,78	,, Eisen in Spuren. E. s. d. A. d. D. A. IV.
5	1,405	—	,, ,, ,,
6	1,403	41,30	,, ,, ,,
7	1,405	—	,, ,, ,,
8	1,401	—	,, ,, ,,
9	1,404	41,42	,, ,, ,,
10	1,405	—	,, ,, ,,
11	1,387	38,08	,, ,, ,,
12	1,4065	40,32	,, ,, ,,
13	—	39,76	,, ,,
14	1,4079	40,04	,, ,,

Liquor Natri caustici crudus.

(Rohe Natronlauge.)

Untersuchungsmethode: Spez. Gew. bei 15⁰ C., Titration
des Gehaltes an NaOH qualitativ nach dem D. A. IV.

Untersuchungsresultate:

Nr.	Titriert. Gehalt an % NaOH	Spez. Gew. bei 15⁰ C.	Bemerkungen
1	33,60	1,383	—
2	32,00	—	—
3	32,80	1,383	—
4	33,00	—	Fast kohlensäurefrei.
5	33,60	—	—
6	32,80	—	Sehr wenig Karbonate enthaltend.
7	32,70	—	Enthielt sehr viel Chloride.
8	34,20	—	„ viel Chloride.
9	32,20	—	„ „ „ und Sulfate.
10	33,10	—	—
11	33,60	—	„ wenig Sulfate, sehr viel Chloride.
12	33,20	—	„ Sulfate und viel Chloride.

Liquor Natrii silicici.

(Natronwasserglaslösung.)

Untersuchungsmethode: nach dem D. A. IV.

Untersuchungsresultate:

Die spez. Gewichte dreier Sendungen betrugen 1,380,
1,379 und 1,370 bei 15⁰ C., die zweite war deutlich eisenhaltig.
Sonst entsprachen alle den gestellten Anforderungen.

Lycopodium.

(Bärlappsamen.)

Untersuchungsmethode: nach dem D. A. IV.

Untersuchungsresultate:

Von Lycopodium kam im Berichtsjahre wieder nur eine Sendung nach dem D. A. IV. zur Untersuchung.

Im Äusseren und bei mikroskopischer Betrachtung erwies sich der Bärlappsamen als völlig normal. Der Aschengehalt war sehr niedrig und betrug nur 0,9 %.

Manganum chloratum.

(Manganchlorür.)

Untersuchungsmethode: Prüfung der Reinheit analog der Vorschrift für Mangansulfat im Ergänzungsbuch zum D. A. III., II. Ausg., S. 204 und 205.

Untersuchungsresultate:

Vier Sendungen Manganchlorür entsprachen den im Ergänzungsbuch an Mangansulfat gestellten Anforderungen.

Die eine enthielt Spuren Eisen. Der Glührückstand derselben betrug 45,51 %.

Maschinenöl.

Untersuchungsmethode: S.-Z. wie bei Adeps suillus, siehe H. A. 1897, S. 331 und spezifisches Gewicht.

Untersuchungsresultate:

Nr.	Handelsbezeichnung	S.-Z.	Spez. Gew. b. 15⁰ C.	Bemerkungen
1	russisch. Maschinenöl	0,013	0,906	gelbbraun, fluoreszierend
2	„	0,120	—	—
3	„	0,056	0,907	—
4	„	0,056	—	dünnflüssig, gelbbraun, wenig fluoreszierend
5	Stauffer-Fett	1,008	—	gelb
6	Autol, Automobil-Schmieröl	neutral	—	dunkelbraun, stark fluoreszierend

Ein sogenanntes Kurbelfett (anscheinend ein inniges Gemisch von Mineralfett und etwas Seife) war trübe löslich in Chloroform und Alkohol. 5 g desselben mit Wasser ausgekocht, erforderten zur Bindung des vorhandenen Alkali 4,8 ccm $\frac{n}{10}$ H Cl.

Mel crudum.

(Rohhonig.)

Untersuchungsmethode: siehe Helfenberger Annalen 1897,
S. 343 und nach dem D. A. IV.

Untersuchungsresultate:

Nr.	Spez. Gew. bei 15° C. (Lös. [1+2])	S.-Z.	Polarisation in Graden	% Asche	Bemerkungen
1	1,112	14,00	− 10,2 (189 mm R)	0,06	E. d. A. d. D. A. IV. vollst.
2	1,118	16,80	—	0,20	„ (war Valparaiso flavum) Geringer Honig-Geschmack
3	1,118	22,40	—	0,19	„ (war Valparaiso citrin.) Geringer Honig-Geschmack
4	—	11,20	—	0,16	Mit $AgNO_3$, $Ba(NO_3)_2$ und C_2H_5OH sehr geringe Opaleszenz. (Deutscher Honig.)
5	—	—	—	—	E. d. A. d. D. A. IV. vollst. (war Havanna-Honig)
6	1,117	15,68	—	0,26	E. d. A. d. D. A. IV., unangenehmer Nachgeschmack (war Valparaiso album)
7	1,118	11,80	—	0,30	E. d. A. d. D. A. IV. vollst. (war Valparaiso citrinum)
8	1,116	18,48	—	0,09	E. d. A. d. D. A. IV. vollst., von weisser Farbe und reinem Geschmack (war Deutscher Rohhonig)

Beanstandet wurden:

Nr.					Bemerkungen
1	—	—	—	—	Gab mit Weingeist starke Trübung (war Chile-Honig)
2	—	—	—	—	Gab mit $AgNO_3$ reichliche Trübung (war Valparaiso hell)
3	—	—	—	---	Gab mit $AgNO_3$ reichliche Trübung (war Valparaiso dunkel)

Wie schon im Vorjahre bemerkt, führen wir zur Beurteilung von Roh-Honig in der Hauptsache nur noch die qualitativen Prüfungen des D. A. IV. aus; es war mit Schwierigkeiten verknüpft, einen Roh-Honig zu erhalten, welcher den Anforderungen des D. A. IV. vollständig genügt hätte.

Besonders die Weingeistprüfung, wonach ein Teil gereinigter Honig durch Zusatz von zwei Teilen Weingeist nicht getrübt werden darf, ist es, welche nicht ausgehalten wird, auch bei Anwendung besten und probehaltigen Rohmaterials.

Da wir Gelegenheit hatten, Wabenhonig direkt aus dem Bienenstock zu erhalten, nahmen wir sofort Veranlassung, denselben nach der Vorschrift des D. A. IV. im Laboratorium zu reinigen, stellten den gereinigten Honig genau auf das spez. Gewicht von 1,33 ein und prüften denselben Honig, indem wir 10 Gewichtsteile vorsichtig mit 20 Gewichtsteilen Weingeist nach und nach versetzten. Bei Zusatz von 18 Gewichtsteilen war derselbe noch klar, bei Zusatz von 20 Gewichtsteilen wurde er dauernd getrübt. Wir halten hiernach diese Weingeistprüfung des D. A. IV. für viel zu scharf. Im übrigen kommt es bei Ausführung dieser Reaktion sehr darauf an, wie man dieselbe vornimmt. Setzt man die 2 Gewichtsteile Weingeist nicht nach und nach, sondern auf einmal zu, so geben selbst Honigproben dauernde Trübungen, welche bei allmählichem Weingeistzusatz die Reaktion gut aushalten.

Über die Darstellung von Mel depuratum verweisen wir auf einige beachtenswerte Mitteilungen in der Pharm. Zeitung 1905 Nr. 20 von Dr. Ley-Elberfeld und in Nr. 33 von Arauner. In ersterer Veröffentlichung drängen sich uns einige Fragen in Bezug auf den Preis auf, denn im Fabrikbetrieb sieht man möglichst darauf, Alkohol verwendende Methoden zu eliminieren. Weiterhin bleibt bei Dr. Ley die Frage offen, wie ein nach seiner Methode gereinigter Honig die D. A. IV.-Proben aushält? Die Reinigung mit Alkohol, die Abstumpfung mit Kalkwasser in ihrer auch für Honig bekannten Form berechtigen keineswegs von einer „neuen" Methode zu sprechen. Die Verwendung von Oxalsäure halten wir gleich Arauner für sehr bedenklich.

Über die Punkte, die bei der Beurteilung eines Honigs in Betracht zu ziehen sind, verbreitet sich eine Arbeit, betitelt: „Die Untersuchung des Bienenhonigs" von Dr. Hermann Stadlinger-Erlangen, Ph.-Ztg. 1905, Nr. 51 u. flg., auf welche wir in den nächsten Annalen zurückzukommen hoffen und auf die wir aber in Anbetracht der Schwierigkeit Honigverfälschungen nachzuweisen, hier heute schon hinweisen möchten.

Milch- und Pflanzensäfte.

Aloë.

(Aloe.)

Untersuchungsmethode: siehe Helfenberger Annalen 1897,
S. 308, und nach dem D. A. IV.

Untersuchungsresultate:

Nr.	% Verlust b. 100° C.	% Asche	% bei 100° C. getrocknetes wässeriges Extrakt	Bemerkungen
1	9,45	0,715	52,70—52,72	E. s. d. A. d. D. A. IV.
2	9,60	0,576	54,83—54,92	„ , das Pulver backt zusammen.

In bezug auf die Wertbestimmung und Unterscheidung
der verschiedenen Aloesorten möchten wir auf die Arbeiten
von Tschirch und Hoffbauer verweisen, welche wohl ver-
dienen, in der Praxis weiter verfolgt und erprobt zu werden.

Wir haben das Verfahren, welches in der Schweizerischen
Wochenschrift für Chemie und Pharmazie 1905, Nr. 12, S. 153
bis 158 näher beschrieben ist, bei der Wertbestimmung drei
verschiedener Kap-Aloesorten angewendet und

1) 75,85 % wirksame Bestandteile
2) 80,63 %　　　„　　　　　　„
3) 81,09 %　　　„　　　　　　„　　　gefunden.

Nach den Angaben obiger Verfasser soll der Gehalt an
wirksamen Bestandteilen bei der Kap-Aloe mindestens 80 %
betragen.

Cautschuc.

(Kautschuk.)

Untersuchungsmethode: nach dem D. A. IV. eventuell Kautschukgehalt nach der Nitrositmethode von Harries.

Untersuchungsresultate:

Kautschuk kam für die Fabrikation im Berichtsjahre elf-
mal zur Prüfung und zwar 5 Sendungen dicke Paraplatten
und 6 Sendungen sogenannte Para-Kautschuk-Schnitzel. Sämtliche 11 Sendungen entsprachen dem D. A. IV. Die Werte über
Kautschukgehalt sind in der Tabelle in der weiter unten ab-
gedruckten grösseren Arbeit über Kautschuk mit enthalten.

Ausser diesen kamen noch sechs diverse Proben Kautschuk
zur Prüfung, von denen nur zwei vollkommen schwefelfrei
und in Petroleumbenzin gut löslich waren; zwei weitere
Proben waren zwar schwefelfrei, aber von anormaler Löslichkeit, davon war die eine eine schlecht aussehende, unelastische
Ware.

Die beiden letzten Kautschukproben enthielten Schwefel
und zeigten ganz anormale Löslichkeit.

Über die Untersuchung von Kautschuk etc. hat der Herausgeber der Annalen auf der Naturforscher-Versammlung zu
Breslau im Jahre 1904 einen Vortrag gehalten, welchen wir
uns im nachfolgenden wiederzugeben erlauben.

Zur Wertbestimmung der Kautschuksorten.[*]

(Aus dem Laboratorium der
Chemischen Fabrik Helfenberg A.-G. vorm. E. Dieterich.)

Von **Dr. Karl Dieterich**-Helfenberg.

Wenn ich in der Abteilung Pharmazie und Pharmakognosie der Breslauer Naturforscher-Versammlung über Untersuchungen berichte, welche eigentlich mehr in das rein technische Gebiet übergreifen, so ist es darauf zurückzuführen, dass ich bereits im Vorjahre über die Wertbestimmung der Kautschukpflaster ebenfalls in dieser Sektion Mitteilung gemacht habe, und dass der Kautschuk in der Pharmazie und Medizin ja in der Form der Kautschukpflaster und auch des Emplastrum adhaesivum D. A. IV. eine sehr bedeutende Rolle spielt. Auch das Arzneibuch hat ja eine Beschreibung, Identifizierung und Prüfung des Kautschuks vorgeschrieben. Der Grund, warum wir uns in Helfenberg mit der Untersuchung zahlreicher Kautschuksorten schon seit Jahren beschäftigt haben, ist darin zu suchen, dass wir alljährlich gegen 3000 kg reinsten Para-Kautschuk auf Kautschukpflaster verarbeiten und der Abschluss auf den zu verarbeitenden Rohkautschuk immerhin bei einem Wert von 15—16 Mk. für 1 kg Para-Kautschuk ein Risiko von rund 50 000 Mk. beträgt. Es ist also nicht nur äusserste Vorsicht geboten, sondern auch die direkte Notwendigkeit an mich herangetreten, mich eingehender mit der Beurteilung der Kautschuksorten zu beschäftigen. Es ist bekannt, dass sich die Untersuchung des Kautschuks im allgemeinen nur auf seinen Harzgehalt, auf seine löslichen Anteile, seine Unreinigkeiten erstreckt, und dass bisher noch recht wenig Versuche gemacht worden sind, den Reinkautschukgehalt der verschiedenen Sorten von südamerikanischem, zentralamerikanischem, afrikanischem, asiatischem und austra-

---

[*] Vortrag, gehalten in der Sektion Pharmazie und Pharmakognosie der 76. Naturforscher-Versammlung in Breslau 1904; vergl. Chem.-Ztg. 1904. 28, 930.

lischem Kautschuk zu bestimmen. Ich gehe hierbei von der Ansicht aus, die ich schon im vorigen Jahre andeutete, dass der Kautschukgehalt einer Kautschuksorte zweifellos mit der Elastizität, also der Güte eines Kautschuks Hand in Hand geht. Wir dürfen dies um so mehr annehmen, als ja der Preis der zahlreichen Kautschuksorten sich danach richtet, ob ein Kautschuk besonders elastisch, widerstandsfähig ist, oder aber, ob er sehr leicht oxydiert, schmierig wird und dann seinen Wert verliert. So haben die afrikanischen Sorten, um von den asiatischen und australischen gar nicht zu reden, gegenüber den amerikanischen, besonders den südamerikanischen Sorten den Nachteil, dass sie sich bedeutend schneller verändern, oxydieren, an Elastizität einbüssen, dafür aber den Vorteil, dass sie im Preise bedeutend billiger angeboten werden als Para-Kautschuk.

Wenn wir uns mit der Untersuchung der zahlreichen Kautschuksorten befasst haben, so haben wir uns von vornherein gesagt, und diese Ansicht hat mit der Kenntnis dieser Kautschuksorten für uns immer mehr zugenommen, dass wohl eine Methode in ihren Grundzügen für alle Kautschuksorten in Anwendung gebracht werden kann, dass aber, wie bei den Harzen, von Fall zu Fall, individualisiert werden muss. Wir haben darum von vornherein davon abgesehen, nur ein Lösungsmittel für die Kautschuksorten zu versuchen und uns mit Fällungen des Kautschuks mit Alkohol oder anderen Fällungsmitteln zu beschäftigen, da ja nachgewiesenermassen besonders beim Alkohol mehrere Fraktionen und voneinander verschiedene Kautschukbestandteile ausfallen. Unsere diesbezüglichen eigenen Versuche haben ergeben, dass die Alkoholfällungen aus der Kautschuk-Petrolätherlösung nicht nur nicht von konstanter Zusammensetzung sind, sondern auch beim Trocknen ähnlich den Harzen und fetten Ölen sehr leicht Oxydationserscheinungen zeigen, die ein sicheres Endresultat nicht in jedem Falle erwarten lassen können. Bei allen Untersuchungen, über die ich berichten möchte, ist nur unvulkanisierter Kautschuk in Frage gekommen, und zwar sowohl Rohkautschuk, als auch das gewaschene Kautschukfell, weiterhin die gewaschenen und gewalzten Kautschuk-

platten, und endlich auch Patentgummi. Diese Kautschuksorten stammen zum Teil aus Südamerika (hier wiederum die
verschiedenen einzelnen Sorten), weiterhin aus Zentralamerika,
und endlich untersuchten wir von den afrikanischen Sorten
eine grosse Zahl der in verschiedenen Teilen von Afrika gewonnenen Handelsmarken. Allerdings konnte hier nicht immer
das gereinigte Produkt analysiert werden, da zum Teil nur
die Rohprodukte oder umgekehrt in meiner Sammlung vorhanden waren. Dasselbe gilt von australischem und asiatischem
Kautschuk. Letztere beiden Sorten kommen ja für den Handel
so gut wie gar nicht in Frage. Um nun von vornherein ein
absolut einwandfreies Vergleichsmaterial zu schaffen, habe ich
in einer grossen Leipziger Fabrik persönlich an Ort und Stelle
die besten und reinsten Parakautschuk-Brote auf Reinkautschuk,
und zwar Kautschukfelle und Kautschukplatten verarbeiten
lassen, und habe mir somit ein absolut einwandfreies, reines
Material verschafft, welches, wie die Untersuchungen zeigen,
auch tatsächlich einen Gehalt von 98% Reinkautschuk ergab.
Ich füge zur Orientierung hinzu, dass, wenn man ein derartiges
Parakautschuk-Brot Ia.-Sorte verarbeitet, man es erst in heissem
Wasser quellen lässt, um es dann mit scharfen Messern in
Stücke zu schneiden und zwischen den Walzmaschinen unter
Einfliessen von Wasser zu kneten und zu reinigen. Auf diese
Weise wird der Rohkautschuk von Unreinigkeiten befreit, so
dass dann ein sogenanntes Kautschukfell bezw. eine Platte
entsteht, welche bis auf geringe Unreinigkeiten und einige
Prozente Harz fast reinen Kautschuk darstellt.

Eine Methode, welche nun diesen technisch fast reinen
Kautschuk quantitativ möglichst richtig bestimmt, ist die von
uns schon früher empfohlene Nitrosit-Methode, welche in
entsprechender Anwendung auf Kautschukpflaster schon voriges
Jahr von mir beschrieben und in einer bestimmten Form auch
für die verschiedenen Kautschuksorten diesmal angewendet
worden ist. Selbstredend muss, wie schon eingangs erwähnt,
auch hier immer in der Methode und Lösungsmittel usw. unter
Umständen individualisiert werden, d. h. die Methode, wie ich
sie später mitteile, ist zwar für uns in den meisten Fällen
verwendbar gewesen, ohne hierbei Anspruch in dieser Form

auf absolute Allgemeingültigkeit zu machen. Wenn man in einer Kautschuksorte den Reinkautschukgehalt bestimmt hat, so erübrigt sich meiner Ansicht nach die ausserdem vorläufig noch unsichere Bestimmung des Harzes und der sonstigen Bestandteile, und zwar deshalb, weil ich der Ansicht bin, dass der Gehalt an Reinkautschukbestandteilen das Wertvolle einer Kautschuksorte ausmacht und vor allen Dingen mit der Elastizität und Widerstandsfähigkeit derselben — wie ich später ausführen werde — in direktem Zusammenhange steht. Das von uns angewendete Nitrositverfahren beruht bekanntlich auf den wertvollen Arbeiten von Harries*). Ehe ich jedoch auf diese Methode selbst komme, ist es noch notwendig, einige Worte über die für den Kautschuk verwendeten Lösungsmittel zu sagen.

Wenn in einer Kautschuksorte nach dem Nitrositverfahren der Kautschkgehalt bestimmt werden soll, so ist es für das Einleiten von N_2O_3 unumgänglich notwendig, dass vorher eine möglichst vollkommene Lösung der betreffenden Kautschuksorte erzielt wird. Wir haben nicht nur sämtliche indifferenten Lösungsmittel, wie sie für Kautschuk bekannt sind, sondern auch zahlreiche Mischungen dieser verschiedenen Lösungsmittel durchgeprüft und sind hierbei zu dem Resultate gekommen, dass von allen Lösungsmitteln Benzol dasjenige zu sein scheint, welches bei fast allen Kautschuksorten eine relativ gute Lösung erzielt, die ohne Filtration verwendet werden kann. Die Filtration ist schon deshalb möglichst zu umgehen, weil sehr viele der Kautschuksorten auch in Lösung koagulieren und unter Umständen eine wirkliche Filtration nicht gestatten. Wir haben uns dort, wo es sich um sehr schmutzigen Rohkautschuk handelte und eine Filtration notwendig gewesen wäre, dadurch geholfen, dass wir von der Lösung in Benzol eine grössere Menge herstellten, absetzen liessen und dann für die Analyse einen aliquoten Teil der klar abgegossenen Lösung verwendeten. Auch bei der Verwendung von Benzol bleibt natürlich bei den besten Kautschuksorten fast stets ein gewisser Teil ungelöst, der der

---

*) D. chem. Ges. Ber. 1903. 36, 1939.

äusseren Beobachtung nach ziemlich gross erscheint, aber in Rücksicht auf die Quellung der unlöslichen Teile bei guten Sorten verhältnismässig gering ist.

Wenn auch Benzol sich als das beste Lösungsmittel erwiesen hat, so kann es dennoch bei einzelnen Sorten vorkommen, dass man sich ausserdem noch mit anderen Lösungsmitteln helfen und vorher ausprobieren muss, auf welche Weise man den Kautschuk am besten in Lösung bekommt. Ich will damit sagen, dass auch hier eine Individualisierung unter allen Umständen erforderlich ist. Die Nitrositmethode haben wir nun in folgender Art auf Kautschuk angewandt:

„Etwa 1 g Kautschuk wird in etwa 100 ccm Benzol gelöst. In diese Lösung wird Salpetrigsäuregas, das vorher eine Waschflasche mit Benzol passiert hat, eingeleitet. Dazu wird 1 T. Stärke, 2 T. arsenige Säure und Salpetersäure vom spez. Gew. 1,35 verwendet. Die mit N_2O_3 gesättigte dunkelgrüne Lösung lässt man alsdann einige Stunden stehen, bis das Nitrosit nicht mehr klebrig ist, sondern einen festeren Habitus angenommen hat. Nach dieser Zeit hat die Lösung eine hellbraune Farbe angenommen. Den Niederschlag bringt man auf ein gewogenes Filter, wäscht ihn zunächst gut mit Benzol, dann mit Äther aus. Das Filter samt Nitrosit trocknet man im Vakuum über Schwefelsäure oder Chlorcalcium und Metaphosphorsäure bis zum konstanten Gewichte. Die Wägungen des Filters führt man am besten im Wägegläschen aus. Aus der Differenz der Wägungen erhält man die Menge des Nitrosits. Zur Kontrolle löst man den Niederschlag in Aceton. Etwa ungelöst bleibender Rückstand muss bei 100° C. getrocknet, dann gewogen und von der erhaltenen Nitrositmenge in Abzug gebracht werden. Aus der Menge Nitrosit berechnet man nach folgender Gleichung den Kautschuk: $C_{10}H_{15}N_3O_7 : C_{10}H_{16} =$ gef. Nitrosit : x. Da sich
$$\underset{289}{} \quad : \quad \underset{136}{}$$
der unlösliche Rückstand bei sehr unreinen Kautschuksorten durch Unmöglichkeit der Filtration u. s. w. vorläufig auf keine Weise ordentlich bestimmen liess, haben wir später 1—1,5 g einer guten Durchschnittsprobe abgewogen, gelöst und dann sofort das Gas eingeleitet. Der unlösliche Rückstand blieb dann zurück, wenn das Nitrosit in Aceton gelöst wurde; er wurde auf diese Weise indirekt bestimmt.“

In den Tabellen ist die Menge der mit Aceton gereinigten und der nicht gereinigten Nitrosite getrennt angegeben, um die Berechnung der Unreinigkeiten sofort zu ermöglichen.

Um nun auch neben der Nitrositmethode die von Weber*) empfohlene, durch Einleiten von Stickstoffdioxyd in Kautschuklösung bestehende Nitromethode auszuprobieren, haben wir auch bei zahlreichen Kautschuksorten das Webersche Verfahren angewendet. Die Nitromethode wurde nach der Vorschrift von C. O. Weber, wie folgt, ausgeführt:

„Etwa 1 g Kautschuk wird in 100 ccm Benzol gelöst. Das erforderliche Stickstoffdioxyd wird durch Erhitzen von Bleinitrat entwickelt. Das Einleiten des Gases wird unterbrochen, sobald die Lösung eine tiefrote Färbung angenommen hat. Das Reaktionsprodukt wird sodann etwa 1 Stunde stehen gelassen und bildet nun eine zusammenhängende, intensiv gelbe Masse, deren Zusammensetzung durch die empirische Formel $C_{10}H_{16}N_2O_4$ ausgedrückt wird. Das Benzol wird abgegossen, der Rückstand bei etwa 50° C. getrocknet. Nach erfolgter Trocknung wird der Inhalt der Flasche mit Aceton übergossen und so lange auf dem Wasserbade erhitzt, bis vollkommene Lösung des Nitroproduktes eingetreten ist. Die Lösung wird filtriert, Filtrat und Waschflüssigkeit werden in etwa das achtfache Volumen Wasser gegossen, worauf sich das Stickstoffdioxydderivat des Reinkautschuks als ein feinflockiger, leuchtend gelber Niederschlag ausscheidet. Dieser wird auf einem gewogenen Filter gesammelt, mit lauwarmem Wasser gewaschen, bei einer 90° C. nicht übersteigenden Temperatur getrocknet und sodann gewogen. Er enthält 59,65 % Kautschuk.“

Wir haben allerdings hierbei, wie auch aus den Tabellen hervorgeht, die Beobachtung gemacht, dass bei der Nitromethode meist eine grössere Menge Reinkautschuk erhalten wird als bei der Nitrositmethode; in mehreren Fällen bei guten Kautschuksorten sogar über 100%. Wir sind daher vorläufig noch der Ansicht, dass die Nitromethode nicht so brauchbar ist wie die Nitrositmethode, trotzdem uns die Nitromethode in bezug auf die Kürze besser zu sein scheint; die diesbezüglichen vergleichenden Versuche sollten noch fortgesetzt werden.

---

*) D. chem. Ges. Ber. 1903. 36, 3103.

I. Bestimmung des Kautschuks nach der Nitrositmethode.

Nr.	Kautschuksorte	Angewandte Menge in g	g Rohnitrosit (nicht mit Aceton gereinigt)	% Gesamtkautschuk (aus dem Rohnitrosit berechnet)	g Reinnitrosit (mit Aceton gereinigt)	% Reinkautschuk (aus dem Reinnitrosit berechnet)
	1. Süd- und zentralamerikanische Kautschuksorten.*)					
1.	Fine-Para-Rohkautschuk, direkt v. Brot abgeschnitten, ungereinigt	{2,0000	—	—	3,8207	89,90
		{2,0000	—	—	3,9313	92,50
2.	Fine-Para-Kautschuk, gewaschen und gewalzt	{2,0000	—	—	4,1266	97,09
		{2,0000	—	—	4,1598	97,87
3.	Fine-Para-Kautschuk, gewaschen und gewalzt	{2,0000	—	—	4,1006	96,31
		{1,1366	—	—	2,3211	96,11
4.	Fine-Para-Kautschuk, gewaschen und gewalzt	2,0000	—	—	4,1795	98,27
5.	Fine-Para-Kautschuk, gewaschen, „Fell"	{0,9968	—	—	1,9450	92,00
		{1,0380	—	—	2,0640	93,57
6.	Fine-Para-Kautschuk, gewaschen. „Fell"	{1,0939	—	—	2,0430	92,82
		{1,0034	—	—	1,8926	92,98
	1,0895 g vorher mit Aceton extrahiert = 6,11 % löslich und darauf gelöst und nitrosiert .	1,0895	—	—	2,1545	93,01
	1,0091 g vorher mit Aceton extrahiert = 5,47 % löslich . .	1,0091	—	—	1,9924	92,92
7.	Fine-Para-Kautschuk, gewaschen, „Fell", 4,92 % in Aceton löslich .	1,0246	—	—	1,8468	84,82
8.	Fine-Para-Kautschuk, gewaschen, „Fell"	{1,1553	—	—	2,3280	94,83
		{1,0852	—	—	2,1860	94,79
9.	Fine-Para-Kautschuk, gewaschen, „Fell"	1,0750	—	—	2,2188	97,12
10.	Para-Kautschuk, gewaschen, „Fell", zweifelhafte Ware . . .	{1,0915	—	—	1,8946	81,71
		{1,0930	—	—	1,8835	81,09
		{1,0886	—	—	1,9290	83,38
11.	Fine-Para-Kautschuk, gewaschen, „Fell"	{1,0120	1,9995	92,98	1,9679	91,51
		{1,0380	1,9616	88,93	1,9288	87,44
12.	Fine-Para-Kautschuk, gewaschen und gewalzt, „Platte"	1,0018	2,1670	101,80	2,1200	99,59

---

*) In bezug auf die verwendeten Kautschuksorten möchte ich bemerken, dass diese zum grössten Teile an Ort und Stelle in naturellem Zustande oder meiner hiesigen Sammlung entnommen waren, die zum Teil wieder durch gereinigte Produkte aus grossen Gummifabriken ergänzt worden war.

Nr.	Kautschuksorte	Angewandte Menge in g	g Rohnitrosit (nicht mit Aceton gereinigt	% Gesamtkautschuk (aus dem Rohnitrosit berechnet)	g Reinnitrosit (mit Aceton gereinigt)	% Reinkautschuk (aus dem Reinnitrosit berechnet)
13.	Fine-Para-Kautschuk, gewaschen und gewalzt, „Platte"	1,0212 1,0892	— —	— —	2,0200 2,1835	93,08 94,33
14.	Fine-Para-Kautschuk, Patent-Platte, „feinste Sorte"	1,0170	—	—	2,1262	98,41
15.	Para-Kautschuk, sogen. Abfälle von Patentgummi	1,0200	2,0372	93,99	2,0016	92,35
16.	Para-Kautschuk, sogen. Abfälle von Patentgummi	1,0368 1,1770	1,9558 2,2382	88,72 89,45	1,9310 2,1798	87,64 87,14
17.	Para-Rohkautsch., Sernamby fina	1,0466	2,0228	90,99	1,9254	86,60
18.	„ „ „ ordinaire	0,9381	—	—	1,5862	79,56
19.	„ „ Matto Grosso, sog. „Para Blanc" naturell . . .	1,3820 1,3820	— —	— —	2,0503 2,0029	69,81 69,22
20.	Para-Rohkautsch., Matto Grosso, sogen. „Para Blanc" ordinaire .	1,0494	2,0602	92,39	2,0022	90,22
21.	Peruvian-Rohkautsch., sog. Scraps	1,0632	1,9806	87,67	1,8548	82,10
22.	„ „ „ Niggers	1,0006	1,9974	93,94	1,9092	89,79
23.	„ „ „ „	1,0200	2,0300	93,66	1,9624	90,52
24.	„ „ „ „	1,0036	1,8260	85,62	1,6882	79,16
25.	Bolivian-Rohkautsch., „ „	1,0500	2,0748	92,99	2,0182	90,45
26.	„ „ „ „	1,1060	2,1856	92,99	2,1612	91,95
27.	Ceara-Kautsch., gewasch., „Fell"	1,0630	1,9608	86,81	1,7788	78,75
28.	Zentralamerikanischer Castilloa-Kautschuk, gewaschen, „Fell" .	1,1084	2,1354	90,67	2,1012	89,21
29.	Guayaquil-Kautschuk, gewasch., „Fell"	1,1516	1,7582	71,83	1,7174	70,17
30.	Kolumbia-Kautschuk, gewaschen, „Fell"	1,0480	2,0144	90,46	1,9850	89,15
31.	Kautschukgemisch (50% südamerik. Para-Fell-Schürzenkautschuk 96,11—96,31%, 50% afrik. Kongo-Fell-Schürzenkautschuk 82,78—84,94%)	0,9992 1,0000	— —	— —	1,9143 1,8576	90,15 87,07

2. Afrikanische Kautschuksorten.

Nr.	Kautschuksorte	Angewandte Menge in g	g Rohnitrosit (nicht mit Aceton gereinigt	% Gesamtkautschuk (aus dem Rohnitrosit berechnet)	g Reinnitrosit (mit Aceton gereinigt)	% Reinkautschuk (aus dem Reinnitrosit berechnet)
32.	Afrikan. Rohkautschuk, Mozambique Bälle, kleine geflocht. Bälle	1,1084	2,0668	87,75	1,9716	83,71
33.	Afrikan. Rohkautschuk, Mozambique Bälle, gewaschen, „Fell" .	1,0428	2,0060	90,53	1,9434	87,70

Nr.	Kautschuksorte	Angewandte Menge in g	g Rohnitrosit (nicht mit Aceton gereinigt)	% Gesamtkautschuk (aus dem Rohnitrosit berechnet)	g Reinnitrosit (mit Aceton gereinigt)	% Reinkautschuk (aus dem Reinnitrosit berechnet)
34.	Afrik. Rohkautschuk, Lopori naturelle, ungereinigte Ware . . .	1,6004	2,8750	84,54	2,6526	78,00
35.	Afrik. Rohkautschuk, Lagos natureller Lagos Strips	1,0216	1,9272	88,77	1,8516	85,29
36.	Afrikan. Kautschuk, Ober-Kongo, gewaschen, „Fell"	1,0360	1,8186	82,60	1,7516	79,50
37.	Afrikan. Kautschuk, Kongo, gewaschen, „Fell"	{1,0533	—	—	1,9013	84,94
		1,0490	—	—	1,8454	82,78
38.	Afrikan. Kautschuk, Kongo, gewaschen und gewalzt, „Platte" .	{0,9206	1,7677	—	1,7677	90,32
		1,2000	2,2800	—	2,2800	89,41
39.	Ostafrikan. Rohkautschuk, gute naturelle Kickxia-Ware von Kickxia elastica Preuss.	1,1250	2,2786	95,30	2,2300	93,28
40.	Ostafrikan. Rohkautschuk, gute naturelle Ware von Kickxia elast. Preuss.(sehr nasse u.feucht.Ware)	1,1414	1,9416	80,02	1,8508	76,30
41.	Afrikan. Rohkautschuk, schlechte Kickxiaware v. K. africana Benth.	1,1246	2,0294	84,94	1,8884	79,05
42.	Ostafrikan. Kautschuk, Kamerunbälle, gewaschen, „Fell" . . .	1,1124	1,5184	64,24	1,4767	62,48
43.	Afrikan. Kautschuk, Massaïbälle, gewaschen, „Fell"	1,0136	2,0304	94,26	1,9570	90,86
44.	Afrikan. Kautschuk, Kassaïbälle, gewaschen, „Fell"	1,0146	2,0410	94,66	1,9590	90,86
45.	Afrik. Kautschuk, Accrah-Strips, gewaschen, „Fell"	1,0998	2,1854	93,50	2,1250	90,88

3. Asiatische Kautschuksorten.

Nr.	Kautschuksorte	Angewandte Menge in g	g Rohnitrosit (nicht mit Aceton gereinigt)	% Gesamtkautschuk (aus dem Rohnitrosit berechnet)	g Reinnitrosit (mit Aceton gereinigt)	% Reinkautschuk (aus dem Reinnitrosit berechnet)
46.	Asiatisch. Rohkautschuk, Borneo, naturelle Ware (ganz schwarz u. unrein)	1,1640	1,2704	51,51	0,7580	30,64

4. Australische Kautschuksorten.

Nr.	Kautschuksorte	Angewandte Menge in g	g Rohnitrosit (nicht mit Aceton gereinigt)	% Gesamtkautschuk (aus dem Rohnitrosit berechnet)	g Reinnitrosit (mit Aceton gereinigt)	% Reinkautschuk (aus dem Reinnitrosit berechnet)
47.	Austral. Kautschuk, Neu-Kaledonien, „Fell", fast gar nicht im Handel	1,0812	1,8726	81,49	1,7825	77,46

II. Bestimmung des Kautschuks nach der Nitromethode von Weber.

Nr.	Kautschuksorte	g	gaben g Nitro-Kautschuk	gleich % Kaut-schuk	Gehalt nach dem Nitrositverfahren %
1.	Fine-Para-Kautschuk, gewaschen und gewalzt, „Platte"	1,0445 1,0932	1,8676 1,9213	106,65 104,81	93,08—94,33
2.	Fine-Para-Kautsch., Patent-Platte, „feinste Sorte"	1,0187 1,0148	1,7175 1,6892	100,56 99,29	98,41
3.	Para-Rohkautschuk, Sernamby ordinaire	0,9381 0,9381	1,4127 1,4029	89,82 89,21	79,56
4.	Afrikanischer Kautschuk, Kongo, gewaschen, „Fell"	1,2334 1,2571	2,0318 2,0368	98,26 96,56	82,78—84,94
5.	Afrikan. Kautschuk, gewaschen u. gewalzt, „Platte"	1,0135 1,0278	1,6173 1,6107	95,18 93,48	89,41—90,32

Betrachten wir nun die Resultate, welche man bei den
einzelnen Kautschuksorten vermittelst der Nitrositmethode
erhält, und wie sie in der vorstehenden Tabelle vereinigt sind,
so muss man in erster Linie konstatieren, dass die erhaltenen
Werte bei der Nitrositmethode untereinander sehr gute Übereinstimmung zeigen, und dass bei ganz reinen Kautschuksorten, bei denen fast 100 % Reinkautschuk vorhanden sein
müssen, so bei dem Patentgummi, den Platten und reinen
Fellen, die diesbezüglichen Werte bis beinahe an 100 % heran-
reichen. Die beste Patentgummiplatte, bekanntlich die reinste
Sorte, zeigt 98 % Reinkautschuk, was indirekt mit den bisherigen Erfahrungen insofern stimmt, als nur wenig Asche
und nur wenige Prozente Harz konstatiert worden sind. Je
geringer die Kautschuksorten, je geringer ihr Preis, desto
mehr geht auch der Gehalt an Reinkautschuk zurück. So
zeigen die besten Para-Platten und das beste Para-Fell meist
einen Gehalt von 90—98 und 99 % Reinkautschuk. Die Sorten,
welche bei dem Para-Kautschuk als sogenannte schlechtere
Sorten, wie Matto-Grosso, Para-blanc, Negro-head, Sernam-
by etc., bezeichnet sind und sowohl im Preise, wie in bezug
auf ihre Reinheit nur wenige wertvolle Sorten des Para-Fine
darstellen, zeigen auch alle einen bedeutend geringeren, bis
zu 70 % heruntergehenden Reinkautschukgehalt. Demgegen-
über zeigt der beste südamerikanische Para-Rohkautschuk
(Para-Fine) einen Gehalt von über 90 % Reinkautschuk. Mit
der Reinheit, wie sie aus der Rohware beim Waschprozess

hervorgeht, nimmt auch der Gehalt bei dem Para-Kautschuk
im Fell und in der Platte zu und steigt bei einem Gehalte
des Rohkautschuks von etwa 90 % auf einen Gehalt bis 98 %.
Letztere Ware, die zu dem Patentgummi verwendet wird,
stimmt im Gehalt an Reinkautschuk wieder mit dem des
Patentgummis (98 %) überein. Sehr gross sind die Unterschiede zwischen den südamerikanischen und den afrikanischen
Kautschuksorten, wie ja der Preis und die technische Verwertbarkeit erwarten lässt. Diese Rohkautschuksorten stehen in
ihrem Gehalte unter dem Rohkautschuk aus Südamerika, und
auch die gereinigten Platten und Felle erreichen in ihrem
Reinkautschukgehalte nicht die beste Para-Platte und das
beste Para-Fell.

Um nun auf die Nutzanwendung dieser Untersuchungen
für die hier verwendeten besten Para-Kautschukfelle und
-platten zu kommen, so möchte ich bemerken, dass wir ein
gereinigtes Para-Fell oder eine gereinigte Para-Platte mit
einem Gehalte unter 95 % Reinkautschuk beanstanden und
nicht kaufen und meistens diejenigen verarbeiten, welche
zwischen 97 und 98 % Reinkautschuk enthalten. Von einem
Para-Rohkautschuk ist ein Gehalt von mindestens 90 % Reinkautschuk zu verlangen. Natürlich sind diese Kautschuksorten
als Rohprodukte auch gewissen Schwankungen unterworfen.
Den besten Beweis für die Brauchbarkeit der Nitrositmethode
lieferte uns die Erfahrung, dass ein Para-Kautschukfell,
welches mit afrikanischem Kautschuk vermischt war, durch
unsere Wertbestimmung auf Grund der Nitrositmethode als
minderwertig erachtet wurde und wir selbst vor Schaden be-
wahrt wurden. Vermischt man Para-Fell (96 % Reinkautschuk) mit gleichen Teilen afrikanischem Kongo-Fell (84 %
Reinkautschuk) und bestimmt den Gehalt, so wird der Reinkautschuk auf 87—90 % herabgedrückt, ein Gehalt, der als
zu gering zu beanstanden wäre. Noch möchte ich hervor-
heben, dass in der Tabelle die Unterschiede zwischen dem mit
Aceton und dem nicht mit Aceton gereinigten Kautschuk-
nitrosit Differenzen ergeben, die einen guten Anhaltspunkt
für die vorhandenen unlöslichen Anteile und Unreinigkeiten
geben. Diese Unterschiede sind besonders bei asiatischen

Rohkautschuken gross. Praktische Versuche haben endlich noch ergeben, dass tatsächlich auch die aus bestem Para-Fell hergestellten Kautschukpflaster sowohl in bezug auf Haltbarkeit, Klebkraft und Reizlosigkeit den Kautschukpflastern aus afrikanischem Gummi oder Mischungen in jeder Beziehung vorzuziehen waren. Es ist ja schon von anderer Seite früher darauf hingewiesen worden, dass nur allerbestes Gummi zu allen diesen Präparaten zu verwenden ist, und wenn auch das Arzneibuch verschiedene Kautschuksorten zulässt, so ist dennoch durch die angegebenen Lösungsverhältnisse nur ein guter gereinigter Parakautschuk für arzneiliche Zwecke in Betracht zu ziehen. Ich glaube also, aus diesen Analysen den Schluss ziehen zu dürfen, dass sich die Nitrosit-Methode für die Wertbestimmung der Roh- und gereinigten Kautschuksorten wohl eignet, und dass die Reinkautschukgehalt-Bestimmung nicht nur die Feststellung von Harzgehalt, Unreinigkeiten erübrigt, sondern dass der Reinkautschukgehalt auch auf die Güte und Elastizität der verschiedenen Sorten deshalb einen massgebenden Schluss zulässt, weil die gefundenen Zahlen eine direkte Übereinstimmung mit der technischen Wertschätzung und dem Preise der einzelnen Sorten zeigen.

Zum Schluss noch einige Worte über die von Dr. Fendler in den Berichten der Deutschen pharmazeutischen Gesellschaft 1904, Heft 5 angegebene Methode. Fendler bestimmt, wie er hervorhebt, die Kautschuk-Kohlenwasserstoffe. Ich habe Herrn Dr. Fendler einige Para-Proben, die schon bei der Lösung und Filtration nach seiner Methode versagten, zugesandt. Wir fander über 90 %, Fendler nur gegen 70 % Kautschuk. Unsere diesbezüglichen gegenseitigen Versuche sind noch nicht abgeschlossen, so dass ich nur auf die Arbeit von Fendler hinweisen möchte. Ich vermute, dass die von Fendler untersuchten afrikanischen Sorten — er berichtet von 8 Stück — frischere Kolonialware darstellten; die Fendler'sche Methode muss aber vor allem auf die wichtigen süd- und zentralamerikanischen Sorten ausprobiert werden. Ob die Bestimmung der Kautschuk-Kohlenwasserstoffe allein überall durchführbar ist, und ob sie vor allem Schlüsse auf den Wert einer Kautschuksorte zulässt, das werden erst weitere Untersuchungen zeigen müssen.

Wenn ich diese heutigen Mitteilungen über die Untersuchung der Kautschuksorten auch noch lange nicht als vollkommen betrachte, so möchte ich dennoch durch die Mitteilung dieser Zahlen und durch den Hinweis auf die Notwendigkeit dieser Kautschukuntersuchungen den Anfang dazu machen, dass auch die Wertbestimmung dieses so wichtigen und teuren Produktes in rationellere Bahnen gelenkt wird, und dass sowohl die Chemiker, wie die Apotheker mithelfen, erst einmal ein grundlegendes Zahlenmaterial zu schaffen, auf Grund dessen eine einheitliche Wertbestimmung der Kautschuksorten ermöglicht wird. Diese Wertbestimmung ist um so nötiger, als ja bekanntermassen der Konsum an Kautschuk immer grösser, der Preis immer höher wird, vielleicht in absehbarer Zeit auch durch den Mangel an Kautschuk minderwertige Kautschuksorten für gute im Handel angeboten werden. — Wir werden diese Untersuchungen noch auf vulkanisierte Kautschuksorten und auf eine noch grössere Anzahl afrikanischer Sorten ausdehnen und hoffen, hierüber später zu berichten.

Bei den zahlreichen Analysen bin ich in dankenswerter Weise im vorigen Jahre durch Herrn Dr. Seyler und im letzten Jahre durch Herrn Laboratoriumsvorstand H. Mix unterstützt worden. Ich möchte beiden Herren an dieser Stelle hierfür danken.

Die Wertbestimmung des Kautschuks gewinnt immer mehr an Bedeutung und die Chemie und Analyse von Kautschuk verschiedener Provenienz schreiten rüstig vorwärts. Von wichtigen Arbeiten seien die von Harries, Fendler, Tschirch u. a. m. genannt. (Ber. d. D. chem. Ges., Berichte des pharm. Instituts Berlin, Archiv der Pharmazie.) In Nr. 99 der Chemiker-Zeitung 1905 bringen W. Esch und A. Chwolles eine kritische Studie über Kautschuk-Analyse, die näher besprochen werden soll. Wir möchten uns hierzu unter Bezugnahme auf die auf den vorigen Seiten abgedruckte Originalarbeit von K. Dieterich wie folgt äussern:

Wenn auch die Abhandlung genannter Autoren über analytisches Material vollkommen schweigt, und wenn sie uns auch über die von ihnen geübte Methode nur die für Fendler niederschmetternde Nachricht gibt, dass sie schon lange in ähnlicher Weise verfahren — aber statt Petroläther Benzol nehmen (das ist sehr wichtig, denn wir haben in obiger Arbeit ausdrücklich gesagt, dass Benzol das richtigste und beste Lösungsmittel ist und dass wir die Fendlersche Methode schon wegen der Verwendung von Petroläther nur für teilweise anwendbar halten!) und wenn die Herren auch allgemein auf die Überschätzung der Kautschukwertbestimmung hinweisen, so scheint die Kritik doch so aus dem Vollen der praktischen Erfahrung zu schöpfen, dass wir — entgegen unserer ersten Absicht — folgende Erläuterungen hierzu geben müssen. Wir sind allgemein der Ansicht, und diese ist in obiger Arbeit oft genug ausgedrückt, dass unsere Methoden noch längst nicht ausreichen, um eine sichere Wertbestimmung zuzulassen, es muss in der Methode wie für den Zweck individualisiert werden! Wir stellen bei der Untersuchung des Kautschuks für Pflasterzwecke andere Anforderungen, als vielleicht die Herren Esch und Chwolles für andere technische Artikel. Wir halten die Harries'sche Methode noch nicht für das Ideal, aber sie ist — wie wir ausdrücklich schon früher betonten — vorläufig die relativ beste. Die Methode von Weber — wir stimmen hierin ganz überein — ist unbrauchbar, trotzdem Fendler sie wieder für besser hält als die Harries'sche. Auch bei Weber, dessen Arbeiten uns so bekannt sind, dass wir sie nicht immer zu hoch einschätzen, finden sich oft Widersprüche und wir glauben, dass wir, die wir uns mit Kautschuk lange beschäftigt haben, die Schwierigkeit der Materie doch soweit erkannt haben, dass die geringe Übereinstimmung der Analysen-Methoden vor allem auf die wechselnden und veränderlichen Rohstoffe zurückführen müssen. Trotzdem konstatieren wir immer wieder, dass uns die Harries'sche Methode gute Dienste getan hat. Wie kommt es, dass sich mit ihr in Pflastergemischen*) 10 % und mehr Kautschuk quantitativ genau auffinden lassen? Oder Mischungen von schlechtem und gutem

---

*) Vergl. ausführliche Arbeit Helfenberger Annalen 1903.

Para oder afrikanischem Kautschuk die Prozente im richtigen Verhältnis herabdrücken? Oder warum steigt genau mit der Reinigung der Gehalt an Rein-Kautschuk? — Wie kommt es, dass sogar die merkantile Wertschätzung der Sorten, der Preis, die Elastizität in fast allen Fällen eine Übereinstimmung mit den Befunden der Harries'schen Methode zeigt? Das kann doch nicht Zufall sein, sondern ein Beweis für die praktische Brauchbarkeit der Methode. Der Gehalt an Harz beim reinen Patentgummi ist von uns übrigens ausdrücklich hervorgehoben worden, ebenso wie nicht wir, sondern Harries die Berechnungsformel aufgestellt hat. Wir bleiben also — wohlgemerkt für unsere Zwecke — dabei, dass die Harries'sche Methode in der von uns angegebenen Form und Anwendung sehr wohl die Beachtung der Kautschukanalytiker verdient. Und nun noch einige Worte über die Fendler'sche Methode:

Wir haben nun, um uns über den Wert resp. den nicht sehr hoch einzuschätzenden Wert des Petroläthers für die Kautschukanalyse (Petroläther löst in sehr vielen Fällen nur geringe Anteile, ist also nicht allgemein verwendbar, Benzol hingegen, wie auch Esch und Chwolles uns bestätigen, ist das beste Lösungsmittel) ein Bild zu machen, das Lösungsverhältnis nach Fendler 2:100 geändert und, wie die Tabelle zeigt, recht überraschende Resultate erhalten:

Kautschukfell:

	Lösung 2:100 n. Fendler	Lösung 1:100 $^1/_2$ so stark	Lösung 1:200 $^1/_4$ so stark
% Kautschuk	63,947	57,536	49,94
% unlösl. Bestandteile .	44,172	46,117	45,56
% Harz	2,911	3,034	4,20
	111,030	106,687	99,70

Harzbestimmung durch Acetonextraktion 3,701 % bei Verwend. von 2,0 g

3,793 % „   „   „ 1,0 g

Während die Lösung 2:100 63 % gibt, erhält man aus derselben Lösung mit gleichen Mengen Petroläther verdünnt nur 57 % Kautschuk u. s. w. Wenn man bedenkt, dass jedesmal dieselbe Menge Kautschuk darin war, so kann man der Zuverlässigkeit der Petroläther-Alkohol-Methode, wie ja schon von anderer Seite betont wurde, kein gutes Zeugnis ausstellen. Schon beim Filtrieren und Arbeiten treten je nach Umständen Verluste an Petroläther ein, die entweder ein Verdünnen nötig machen oder nicht beachtet werden; in jedem Falle gibt, wie die Versuche zeigen, ein anderes Lösungsverhältnis andere Resultate. Ein absolut konstantes Lösungsverhältnis einzuhalten dürfte aber nach der Fendlerschen Methode eine Unmöglichkeit bedeuten. Ähnlich liegen die Verhältnisse bei der Harzbestimmung.

Das Hauptaugenmerk ist also, wie bei den Harzkörpern, auch bei der Kautschukanalyse auf eine ganz genau in Bezug auf die Mengenverhältnisse ausgearbeitete Methode zu legen, und das ist bei der Harries'schen Methode weit eher der Fall als bei einer solchen, bei der mit unvollkommenen Lösungen und mit leicht flüchtigen Lösungs- resp. Fällungsmitteln gearbeitet wird. Wir hoffen, auch hierauf wieder zurückzukommen.

Ein gereinigter asiatischer Borneo-Kautschuk wurde uns zur Begutachtung übersandt. Derselbe ergab folgende Werte:

$1,025\%$ Feuchtigkeit
$4,20\ \%$ Harz
$88,562\%$ Reinkautschuk
$88,726\%$ „
$0,514\%$ Asche
$5,535\%$ Nicht Kautschuk, wovon $1,98\%$ in Aceton unlösliches
     Nitrosit lieferten. (90,662—90,706).

Der Reinkautschukgehalt ist für eine asiatische Ficus-Sorte relativ gut zu nennen.

Euphorbium.

(Euphorbium.)

Untersuchungsmethode: nach K. Dieterich, Analyse der Harze, S. 231—233 und nach dem D. A. IV.

Untersuchungsresultate:

Im Berichtsjahre kam „Euphorbium pulvis subtilis“ einmal zur Prüfung. Die Resultate, welche bei der zum Teil nach dem D. A. IV., zum andern Teil nach K. Dieterich's Analyse der Harze vorgenommenen Untersuchung gewonnen wurden, sind folgende:

$\%$ Asche	10,81—10,86
$\%$ in Weingeist unlöslich . .	41,50
S.-Z. d.	19,60
H.-Z.	70,00
G.-V.-Z.	86,80
G.-Z.	16,80

Mit Ausnahme des Aschengehaltes, welcher mit 10,86 $\%$ die Höchstgrenze des D. A. IV. von 10 $\%$ etwas übersteigt, waren die Werte normal.

Manna.

(Manna.)

Untersuchungsmethode: siehe Helfenberger Annalen 1897, S. 342, und nach dem D. A. IV.

Untersuchungsresultate:

Nr.	$\%$ Feuchtigkeit	$\%$ Asche	$\%$ in Spiritus löslich	$\%$ in Spiritus unlöslich	Bemerkungen
1	10,10	1,30	87,00	2,15	E. s. d. A. d. D. A. IV.
2	8,66	3,50	87,00	3,65	,,
3	9,72	1,85	89,00	1,14	,,
4	7,35	1,49	85,97	4,02	,,
5	4,44	1,60	93,00	2,02	,,

Beanstandet wurde:

Nr.	$\%$ Feuchtigkeit	$\%$ Asche	$\%$ in Spiritus löslich	$\%$ in Spiritus unlöslich	Bemerkungen
1	3,33	1,44	52,39—52,77	40,02—44,40	waren Manna-Abfälle

Opium.

(Opium.)

Untersuchungsmethode: nach E. Dieterich und den Helfenberger Annalen 1897, S. 346, und dem D. A. IV. An Stelle der Morphin-Bestimmungsmethode des D. A. IV. nach Loof bedienen wir uns der weit besseren E. Dieterich'schen Methode, nur verfahren wir am Schlusse titrimetrisch oder bestimmen das Morphin gewichtsanalytisch und titrimetrisch nebeneinander.

Untersuchungsresultate:

Nr.	% Feuchtig-keit	% Asche	% Morphin	Bemerkungen
1	22,79 (14,78 b. 60—70° C.)	5,83	10,05	10,97—11,40 % Morphin im bei 100° C. getrockneten Opium.
2	30,54—31.31 (24,00 b. 60—70° C.)	5,00	11,54—11,82	

Beanstandet wurden:

Nr.	% Feuchtig-keit	% Asche	% Morphin	Bemerkungen
1	22,00	14,30	7,98	Wässerige Lösung reagiert alkalisch, ist schwarzbraun u. mit kohlensaurem Kalk und Pflanzenextrakt vermischt.
2	19,05	16,15	9,14	
3	19,30	22,70	8,65	Wässerige Lösung reagiert alkalisch, ist mit kohlensaurem Kalk verfälscht.

Die Beschaffenheit des Opiums lässt, wie schon mehrfach erwähnt, mehr und mehr zu wünschen übrig, sodass ein normaler Gehalt an Morphin allein noch längst nicht Garantie bietet, ein reines Opium in der Hand zu haben.

Natrium bicarbonicum.

(Doppeltkohlensaures Natrium.)

Untersuchungsmethode: nach dem D. A. IV.

Untersuchungsresultate:

Nr.	% Glüh- rück- stand	Bemerkungen
1	63,40	E. d. A. d. D. A. IV.
2	—	,,
3	—	,,
4	63,15	,,
5	—	Kaliumhaltig, monokarbonathaltig. E. s. d. A. d. D. A. IV.
6	—	,, ,, ,,
7	63,05	,, ,, ,,
8	—	Enthielt mehr Monokarbonat als erlaubt. E. s. d. A. d. D. A. IV.
9	63,30	Enthielt reichlich Kalium und Spuren Chloride, hielt die Monokarbonatprobe nicht aus. E. s. d. A. d. D. A. IV.

Natrium carbonicum crudum.

(Rohes Natriumkarbonat, Soda.)

Untersuchungsmethode: nach dem D. A. IV. und die Gehaltsbestimmung.

Untersuchungsresultate:

Nr.	% Na_2CO_3	Bemerkungen
1	36,77	Enth. viel Chloride, wenig Sulfate. E. s. d. A. d. D. A. IV.
2	37,18	,, ,, ,,
3	36,76	,, ,, ,,
4	37,46	,, ,, ,,
5	37,84	,, ,, ,,
6	37,18	,, ,, ,,
7	37,57	,, ,, ,,

Paraffine und Vaseline.

Ceresinum album.

(Weisses Ceresin.)

Untersuchungsmethode: siehe Helfenberger Annalen 1897, S. 348.

Untersuchungsresultate:

Nr.	Schmelz-punkt ^{0} C.	Geruch	Strichprobe	Farbe
1	68,0	geruchfrei	gut	halbweiss
2	67,0	,,	,,	,,
3	66,0	,,	,,	,,
4	65,0—66,0	,,	genügend	weiss
5	66,5—68,0	,,	gut	halbweiss
6	67,0	,,	,,	,,
7	68,0	,,	,,	,,
8	67,0	,,	,,	,,
9	68,0	,,	,,	,,
10	67,0	,,	,,	,,
11	68,0	,,	,,	,,
12	69,0	,,	,,	,,
13	67,0	,,	,,	,,
14	68,0	,,	,,	,,
15	67,0	,,	,,	,,
16	68,0	,,	,,	,,
17	67,0	,,	,,	,,
18	67,0	,,	,,	,,
19	68,0	,,	,,	,,
20	67,0	,,	,,	,,
21	67,0	,,	,,	,,

Beanstandet wurden:

Nr.	Schmelz-punkt ⁰ C.	Geruch	Strichprobe	Farbe
1	58,0–62,0	schwacher	genügend	halbweiss
2	60,5—61,0	ganz schwacher	″	″
3	55,0—57,0	ziemlich starker	″	″
4	59,0	schwacher	″	″
5	59,5—60,5	geruchfrei	″	″
6	58,0—60,0	″	″	″
7	60,5—61,0	ziemlich starker	″	″
8	58,5—61,0	ganz schwacher	″	″
9	59,0—59,5	″	″	″
10	61,5—65,5	″	″	″
11	61,0—62,0	″	″	″

Die Handelsverhältnisse bei Ceresin haben sich im verflossenen Jahre nicht nur nicht gebessert, sondern noch verschlechtert. Wie aus den Tabellen ersichtlich, ist es uns im Jahre 1904 nicht einmal möglich gewesen, ein Ceresin zu erhalten, das einen Schmelzpunkt von 70⁰ oder gar über 70⁰ C. aufgewiesen hätte.

Ceresinum flavum.

(Gelbes Ceresin.)

Untersuchungsmethode: siehe Helfenberger Annalen 1897, S. 348.

Untersuchungsresultate:

Nr.	Schmelz-punkt ⁰ C.	Geruch	Strichprobe	Farbe
1	67,5—68,0	keinen	gut	naturgelb
2	65,0	″	″	″
3	65,0	″	″	hochgelb
4	72,0—73,0	ganz schwachen	″	naturgelb
5	74,5—75,0	keinen	″	″

Beanstandet wurden:

Nr.	Schmelz-punkt ⁰ C.	Geruch	Strichprobe	Farbe
1	59,0	geringen	genügend	naturgelb
2	62,5—63,0	keinen	„	„
3	56,0—57,0	geringen	„	„
4	52,5—53,0	„	„	„

Ozokerit.

(Erdwachs.)

Untersuchungsmethode: siehe Helfenberger Annalen 1897, S. 349.

Untersuchungsresultate:

Nr.	Schmelzpunkt ⁰ C.	Bemerkungen
1	67,5—68,0	Hatte sehr deutlichen Petroleumgeruch, Aussehen und Farbe normal. Strichprobe gut.

Beanstandet wurden:

Nr.	Schmelzpunkt ⁰ C.	Bemerkungen
1	54,5—55,0	Aussehen und Farbe normal, deutlicher Geruch.
2	45,0—46,0	„ „ „
3	58,0—58,5	„ , geringer Geruch, geringer in Chloroform unlöslicher Bodensatz.
4	˙ 53,5—54,0	Aussehen und Farbe normal, deutlicher Geruch.

Paraffinum.

(Braunkohlen-Paraffin.)

Untersuchungsmethode: siehe Helfenberger Annalen 1897, S. 349 und Strichprobe wie bei Ceresin.

Untersuchungsresultate:

Nr.	Schmelz-punkt ⁰ C.	Geruch	Strichprobe
1	57,5—58,0	geruchfrei	gut
2	54,5—55,0	ganz geringer	„
3	54,5—55,5	geruchfrei	„

Beanstandet wurden:

Nr.	Schmelz-punkt ⁰ C.	Geruch	Strichprobe
1	52,0—53,0	geruchfrei	gut
2	53,0—54,0	„	„
3	52,0—53,0	„	„
4	52,0	„	„
5	52,0—53,0	„	„

Paraffinum liquidum album I.

(Flüssiges Paraffin, weisses Paraffinöl.)

Untersuchungsmethode: siehe Helfenberger Annalen 1897, S. 348 und nach dem D. A. IV.

Untersuchungsresultate:

Nr.	Spez. Gew bei 15⁰ C.	S.-Z.	Bemerkungen
1	—	neutral	E. d. A. d. D. A. IV.
2	0,880	„	„

Paraffinum liquidum album II.

(Weisses Vaselinöl.)

Untersuchungsmethode: siehe Helfenberger Annalen 1897, S. 348.

Untersuchungsresultate:

Nr.	Spez. Gew. bei 15° C.	S.-Z.	Bemerkungen
1	0,861	neutral	Geruchfrei. mit H_2SO_4 schon in der Kälte Gelbfärbung.
2	0,863	„	„

Paraffinum solidum.

(Festes Paraffin.)

Untersuchungsmethode: siehe Helfenberger Annalen 1897, S. 349 und nach dem D. A. IV.

Untersuchungsresultate:

Nr.	Schmelz-punkt ° C.	Bemerkungen
1	73,0—74,0	E. s. d. A. d. D. A. IV.
2	73,0—74,0	„ Paraffin und Schwefelsäure werden kaum verändert.
3	73,0	„

Beanstandet wurden:

1	69,0—70,0	Schwefelsäure wird hellbraun gefärbt.
2	69,0—70,0	„ „ weingelb „
3	69,0—70,0	„ „ gelb „
4	67,0—68,0	Den Anforderungen des D. A. IV. nicht entsprechend.

Vaselinum flavum.

(Gelbes Vaselin.)

Untersuchungsmethode: siehe Helfenberger Annalen 1897, S. 349 und nach dem Ergänzungsbuch zum D. A. III., II. Ausg., S. 329.

Untersuchungsresultate:

Nr.	S.-Z.	Schmelz-punkt ^{0}C.	Bemerkungen
1	0,089	41,0—42,0	Geruch- u. farbstofffrei. Aussehen, Farbe, Konsistenz normal
2	0,040	44,0—46,0	„ „
3	0,078	45,0	„ „
4	fast neutal	—	„ „
5	0,134	48,0—49,0	„ „
6	0,096	48,0	„ „
7	0,021	—	„ „
8	0,021	—	„ „
9	0,089	47,0	„ „
10	0,078	45,0	„ „
11	0,021	—	„ „

Beanstandet wurde:

1	0,222	41,0—42,0	„ „

Peptonum siccum sine sale.

(Trockenes Pepton ohne Salz.)

Untersuchungsmethode: siehe E. Schmidt, org. Chemie, IV. Aufl., S. 1819 und nach dem Ergänzungsbuch zum D. A. III., II. Ausgabe, S. 237 u. 238.

Untersuchungsresultate:

Nr.	% Feuchtigkeit	% Asche	Bemerkungen
1	6,26	1,460	E. d. A. d. Ergzb.
2	—	1,620	„
3	11,28	1,505	„

Placenta Amygdalarum amararum.

(Bittermandelkuchen.)

Untersuchungsmethode: Bestimmung der Ausbeute an Blausäure resp. Benzaldehyd-Cyanwasserstoff.

5,0 fein gepulverte Bittermandelkuchen werden 12 Stunden mit 250 ccm Wasser digeriert und 200 ccm Destillat abgezogen. Das Destillat wird analog dem Bittermandelwasser nach Zusatz von Kalilauge mit $\frac{n}{10}$ AgNO$_3$ titriert.

Untersuchungsresultate:

Nr.	% HCN	Bemerkungen
1	0,540	Waren Kuchen von normalem Aussehen u. Beschaffenheit.
2	0,368	,,
3	0,541	,,
4	0,519	,,
5	0,454	,,

Nach unseren im Laufe der Jahre im Gross-Betrieb und im Laboratorium gemachten Erfahrungen über die Ausbeute an Bittermandelwasser aus Bittermandelkuchen verlangen wir mindestens 0,4 % Ausbeute und wurden daraufhin die unter Nr. 2 untersuchten vom Kauf ausgeschlossen.

Im Laboratorium stellen wir die Ausbeute nach der oben von uns mitgeteilten Methode fest, sofern wir es nicht vorziehen mit mindestens 5 kg Probekuchen Versuchsdestillationen im Grossen vorzunehmen.

Pulpa Tamarindorum cruda.

(Rohes Tamarindenmus.)

Untersuchungsmethode: siehe Helfenberger Annalen 1897,
S. 350 und nach dem D. A. IV.

Untersuchungsresultate:

Nr.	$\%$ Kerne	$\%$ kernfreie Masse	$\%$ bei 100° C. getr. wässeriges Extrakt	$\%$ Weinsäure	$\%$ Invertzucker
1	8,00	92,00	46,50	12,50	34,05
2	3,18	96,82	49,51	13,85	20,02
3	6,00	94,00	45,50	13,12	28,44
4	3,50	96,50	56,50	12,74	30,20
5	12,00	88,00	35,00	11,99	25,10
6	6,85	93,15	46,24	13,64	37,40
7	3,00	97,00	37,25	9,66	28,87
8	10,00	90,00	42,25	12,50	33,79

Der Extraktgehalt bleibt wieder in den meisten Fällen
hinter den vom D. A. IV. geforderten 50 % zurück. Wir
werden uns im laufenden Jahre eine grössere Anzahl Muster
von rohem Tamarindenmus besorgen und dieselben ausser
nach der von uns schon seit vielen Jahren geübten Methode
auch in der Weise des D. A. IV. untersuchen, um einmal
Vergleichswerte aufzustellen. Anscheinend ist der vom Arzneibuch geforderte Extraktgehalt von 50 % zu hoch gegriffen,
wenn man erwägt, dass unsere Werte für Extrakt auf kernfreie Masse, die des D. A. IV. aber auf Rohpulpa direkt bezogen werden.

Resorcinum.

(Resorzin.)

Untersuchungsmethode: nach dem D. A. IV.

Untersuchungsresultate:

Von Resorzin kamen im Jahre 1903 fünf kleinere Sendungen zur Prüfung nach dem D. A. IV. und erwiesen sich
stets als probehaltig.

Secale cornutum.

(Mutterkorn.)

Untersuchungsmethode: siehe Helfenberger Annalen 1897, S. 351 und nach dem D. A. IV.

Untersuchungsresultate:

Nr.	$\%$ bei 100° C. getrocknet. wässeriges Extrakt	$\%$ Alkaloid	Bemerkungen
1	15,80	0,108	Aussehen gut. E. s. d. A. d. D. A. IV.
2	17,10	—	„ mittelmässig, teilweise sehr mageres Korn
3	16,00	0,130	„ genügend, etwas zerfressen

Beanstandet wurden:

1	12,30	0,07	Aussehen genügend
2	—	—	„ ungenügend

In ähnlicher Weise wie im Vorjahre unter „Vegetabilien" näher ausgeführt, haben wir in diesem Jahre auch Mutterkorn auf vierfach verschiedene Art und Weise extrahiert und berichten im Nachfolgenden über die erhaltenen Resultate:

I. Zur Bereitung von Extractum spissum:

Das Mutterkorn wurde mit Wasser kalt extrahiert; die Methode ist die unter Vegetabilien mehrfach angegebene.

1. 16,34—16,39 % bei 100° C. getrocknetes Extrakt
2. 19,97—20,12 % „
3. 15,70—15,89 % „

Die kalt bereiteten Auszüge waren von gelblichbrauner Farbe.

II. Zur Bereitung von Extractum solidum oder Infusum:

Die Droge wurde mit Wasser auf heissem Wege ausgezogen.

1. 13,31—13,32 % bei 100° C. getrocknetes Extrakt
2. 18,49—18,69 % „
3. 13,59—13,77 % „

Die heiss bereiteten Auszüge waren von rötlicher Farbe.

III. Zur Bereitung von Extractum fluidum:

Das Mutterkorn wurde mit einem Gemisch von 1 Teil Weingeist 90 % und 4 Teilen Wasser behandelt.

1. 14,04—14,16 % bei 100° C. getrocknetes Extrakt
2. 18,39—18,70 %   „
3. 14,21—14,29 %   „

Die Farbe der Auszüge war gelblichbraun.

IV. Zur Bereitung von Tinctura:

Die Droge wurde mit verdünntem Weingeist von 68 % ausgezogen.

1. 10,92—11,18 % bei 100° C. getrocknetes Extrakt
2. 16,41— 16,48 %   „
3. 11,37—11,65 %   „

Diese Auszüge waren von schön rotbrauner Farbe.

Spiritus Aetheris nitrosi.

(Versüsster Salpetergeist.)

Untersuchungsmethode: nach dem D. A. IV.

Untersuchungsresultate:

Nr.	Spez. Gew. bei 15° C.	Titration der Säure	Bemerkungen
1	0,840	Ist saurer als das D. A. IV. erlaubt	E. s. d. A. d. D. A. IV.
2	0,845	„	„

Succus Liquiritiae crudus.

(Roher Süssholzsaft.)

Untersuchungsmethode: siehe Helfenberger Annalen 1897, S. 387, nur unter Weglassung der Chlorammoniumprobe und nach dem D. A. IV.

Untersuchungsresultate:

Nr.	% Verlust bei 100° C.	% Asche	% Glycyrrhizin	% bei 100° C. getrocknet. wässeriges Extrakt	Bemerkungen
1	23,56	5,33	75,26	20,92	Aussehen, Farbe, Geschmack normal.
2	9,26	5,88	82,00	19,62	„
3	—	5,41	78,96—79,33	18,31	„ gab auffallend hellbraunen Auszug.
4	14,99	7,42	81,68	23,00	„
5	15,61	6,99	83,44	21,27	„
6	16,88	7,10	83,50	23,42	„
7	—	5,94	77,69—77,95	16,89	„
8	21,42	4,63	76,29	18,24	„
9	21,46	5,08	75,88	19,87	„
10	17,35	6,57	82,48	20,97	„
11	12,83	6,65	79,81	21,36	„

Der Feuchtigkeitsgehalt des rohen Süssholzsaftes überstieg auch in diesem Jahre mehrere Male die vom D. A. IV. gestattete Höchstgrenze von 17%. So lange bei derartigen Sendungen die Ausbeute an wässerigem Extrakt noch etwa 75% beträgt, liegt für uns kein Grund vor, solche Muster zu beanstanden.

Der Aschengehalt erreichte nie die Höchstgrenze von 8%, sondern blieb immer an der niedrigsten Grenze von 5% und ging in einem Falle sogar unter dieselbe herunter.

––––––

Vegetabilien.

A. Blätter (Folia).

Folia Sennae Alexandrinae.

(Alexandriner Sennesblätter.)

Untersuchungsmethode: nach dem D. A. IV. und nach den Helfenberger Annalen 1897, S. 353.

Untersuchungsresultate:

Nr.	$\%$ bei 100° C. getrocknetes, wässeriges Extrakt	Bemerkungen
1	28,15	Aussehen gut, den Anford. d. D. A. IV. entsprechend.
2	31,95	,, ,,
3	31,85	,, ,,
4	30,50	,, ,,

Beanstandet wurden:

Nr.	Extrakt	Bemerkungen
1	29,05	Aussehen gut, gab aber sehr schleimiges Dekokt.
2	30,30	,, schlecht, bestand aus sehr vielen Blattstielen.

Folia Stramonii.

(Stechapfelblätter.)

Untersuchungsmethode: nach dem D. A. IV. und Extrakt-
bestimmungen wie weiter unten angegeben.

Untersuchungsresultate:

Stechapfelblätter wurden zur Herstellung von Tinktur und
Stramonium-Öl einmal untersucht und zwar wurden je 10 g
feingeschnittene Stechapfelblätter das eine Mal mit 100 ccm
Weingeist von 90 %, das andere Mal mit 100 ccm eines Gemisches von 150 g Weingeist und 4 g Ammoniakflüssigkeit
übergossen und unter häufigem Umschütteln 24 Stunden stehen
gelassen. Nach Verlauf dieser Zeit wurde koliert und ausgepresst, filtriert und 25 ccm = 2,5 g eingedampft, bis zum
konstanten Gewicht getrocknet und gewogen.

Das Resultat war folgendes:

Die Stechapfelblätter, dem Äusseren und der Farbe nach
eine schöne, den Anforderungen des D. A. IV. entsprechende
Ware, gaben:

mit Weingeist ausgezogen 8,88—9,13 % $\Big\}$ bei 100⁰ C. getrocknetes
mit Weingeist und Am-
moniak ausgezogen 9,55—9,62 % Extrakt

Dieselben Stechapfelblätter wurden dann auch nach der gewöhnlichen Methode mit Wasser und zwar sowohl kalt als auch
heiss extrahiert zur Herstellung von Aufguss und Dauerextrakt.

Das Ergebnis dieser Extraktion war folgendes:

mit Wasser kalt ausgezogen 29,68—30,06 % $\Big\}$ bei 100⁰ C. ge-
„   „   heiss   „   28,40—29,04 % trocknet. Extrakt
ein zweites Muster von Folia Stramonii konnte aus Materialmangel nur mit Wasser auf heissem Wege extrahiert werden
und lieferte

25,06—25,19 % bei 100⁰ C. getrocknetes Extrakt.

Folia Trifolii fibrini.

(Bitterklee.)

Untersuchungsmethode: siehe Helfenberger Annalen 1897, S. 353 und 354 und nach dem D. A. IV.

Untersuchungsresultate:

Nr.	% bei 100° C. getr. wässeriges heiss bereitetes Extrakt	Bemerkungen
1	23,23	} Waren beide im Äusseren eine
2	23,40	} nur sehr mittelmässige Ware.

Bitterklee konnte in schöner Qualität im Berichtszeitraum nicht im Handel aufgetrieben werden. Der Extraktgehalt bewegt sich demgemäss auch an der niedrigsten Grenze.

Folia Uvae Ursi.

(Bärentraubenblätter.)

Untersuchungsmethode: nach dem D. A. IV. und Bestimmung des Extraktgehaltes wie weiter unten angegeben.

Untersuchungsresultate:

Drei verschiedene Sendungen Bärentraubenblätter entsprachen im Äusseren den Anforderungen des D. A. IV., die Ware war mit Stielen wenig verunreinigt. Wir bestimmten auch hier den Extraktgehalt durch Ausziehen mit kaltem und mit heissem Wasser und mit einem Extraktionsgemisch, welches aus 1 Teil Weingeist von 90% und 1 Teil Wasser bestand; die Art und Weise war die schon mehrfach erwähnte.

Die Resultate waren folgende:

mit heissem Wasser extrahiert: I. 31,81—32,20 % bei 100° C. getr. Extrakt

II. 30,76—33,00 % „

III. 31,09—31,54 % „

„ kaltem „ „ I. 29,68—30,06 % „

II. 32,20—33,11 % „

mit einem Gemisch von 1 Weingeist von 90% und 1 Wasser extrahiert: . . . . I. 39,83—40,36 % „

Die heissen Auszüge von Folia Uvae Ursi filtrierten nicht so blank als die kalten.

B. Blüten (Flores).

Flores Papaveris Rhoeados.

(Klatschrosen.)

Untersuchungsmethode: nach dem Ergänzungsbuch zum D. A. III., II. Ausg., S. 136 und Extraktbestimmung wie weiter unten angeführt.

Untersuchungsresultate:

Von Klatschrosen kamen 2 Sendungen zur Untersuchung. Im Äusseren waren dieselben den Anforderungen des Ergänzungsbuches völlig entsprechend. Wir extrahierten die Klatschrosen, welche nur noch zur Herstellung von Sirupus Rhoeados Verwendung finden, einmal mit Wasser auf heissem Wege, das andere Mal dadurch, dass wir auf die für 10 g Blüten notwendigen 200 g Wasser noch 0,2 g Citronensäure zusetzten und die Extraktionstemperatur in diesem Falle nicht über 35—40° C. steigen liessen.

Die Resultate waren folgende:

I. mit kochendem Wasser extrahiert:

1. 44,77—45,00 % bei 100° C. getrocknetes Extrakt

2. 39,79—39,97 % „

II. mit Wasser bei etwa 35° C. unter Zusatz v. Citronensäure ausgezogen:

1. 40,70—40,83 % bei 100° C. getrocknetes Extrakt

2. 39,18—39,90 % „

Flores Rosae.

(Rosenblätter, Rosenblüten.)

Untersuchungsmethode: siehe Helfenberger Annalen 1897, S. 354 und nach dem D. A. IV.

Untersuchungsresultate:

Von Flores Rosae kam im Berichtsjahre nur ein Kaufmuster zur Untersuchung. Dasselbe war von sehr gutem Aussehen, schöner Farbe und kräftigem Wohlgeruch.

Zur Bereitung von weingeistigem Rosenextrakt zogen wir die Rosenblätter mit verdünntem Weingeist von 68 % nach der allgemeinen Methode aus. Das Verhältnis musste so gewählt werden, dass 10,0 Blüten mit 200 ccm Weingeist übergossen wurden.

Der Extraktgehalt betrug 25,74—25,92 %.

Zur Herstellung von Rosenhonig wurden die Rosenblüten mit heissem Wasser und zwar ebenfalls im Verhältnis 10,0 Rosenblätter und 200 ccm Wasser extrahiert.

Der Extraktgehalt betrug 29,02—29,20 %.

C. Früchte (Fructus).

Fructus Juniperi.

(Wachholderbeeren.)

Untersuchungsmethode: siehe Helfenberger Annalen 1897, S. 355 und nach dem D. A. IV.

Untersuchungsresultate:

Nr.	% bei 100° C. getrocknetes, wässeriges Extrakt	Bemerkungen
1	30,36—31,34	Aussehen gut
2	34,75—35,71	„
3	34,32—35,52	„

Nr. 1 und 2 waren sogen. „naturelle", Nr. 3 „depurierte" Ware. Der Extraktgehalt war bei allen als gut zu bezeichnen.

Fructus Petroselini.

(Petersiliensamen.)

Untersuchungsmethode: Bestimmung des ätherischen Öles nach der bei Fenchel angegebenen Methode, siehe Helfenberger Annalen 1897, S. 354 und 355 und nach dem Ergänzungsbuch.

Untersuchungsresultate:

Petersiliensamen kam im Jahre 1904 einmal zur Untersuchung und wurde in derselben Weise wie bei Fenchel darin der Gehalt an ätherischem Öl zu 1,40 % bestimmt.

Fructus Sambuci.

(Fliederbeeren.)

Untersuchungsmethode: siehe Helfenberger Annalen 1897, S. 355.

Untersuchungsresultate:

Nr.	% bei 100° C. getrocknetes wässeriges Extrakt	Bemerkungen
1	34,68—35,00	Aussehen gut
2	45,60—46,14	„

Beanstandet wurden:

Nr.	% bei 100° C. getrocknetes wässeriges Extrakt	Bemerkungen
1	27,99—28,34	Aussehen schlecht
2	26,55—26.84	„
3	27,25—27.41	„

D. Kräuter (Herbae).

Herba Linariae.

(Leinkraut.)

Untersuchungsmethode: nach dem Ergänzungsbuch zum
D. A. III., II. Ausg., S. 161.

Untersuchungsresultate:

Im Jahre 1904 kamen 2 Sendungen Leinkraut zur Untersuchung, die beide den Anforderungen des vom Deutschen
Apotheker-Verein zum Arzneibuch herausgegebenen Ergänzungs-
buchs völlig entsprachen.

Das Leinkraut findet pharmazeutisch nur noch Verwendung zur Leinsalbe; zu diesem Zwecke wird das Kraut vor
dem Extrahieren mit Fett zuerst mit einem Gemisch von
Weingeist und etwas Ammoniakflüssigkeit behandelt.

Analog diesem Vorgange haben wir in beiden Fällen 10 g
Herba Linariae mit 100 ccm eines Gemisches aus 150 g Weingeist von 90 % und 5 g Ammoniakflüssigkeit von 10 % extrahiert.

Der gefundene Extraktgehalt betrug bei
$$1) \quad 11,27—11,51 \%$$
$$2) \quad 11,41—11,60 \%$$

Das Extrakt war schön dunkelgrün gefärbt.

Herba Majoranae.

(Majorankraut, Mairan.)

Untersuchungsmethode: nach dem Ergänzungsbuch zum
D. A. III., II. Ausg., S. 161.

Untersuchungsresultate:

Majorankraut kam im Berichtsjahre nur einmal zur Prüfung. Der Geruch und Geschmack war angenehm gewürzhaft,
das Aussehen und die Farbe der Droge völlig normal.

Da Majorankraut in derselben Weise wie Herba Linariae
nur zu Majoransalbe verwendet wird, haben wir auch dieses
in derselben Weise wie unter Herba Linariae angegeben extrahiert und 7,81—7,85 % eines dunkelgrünen mattglänzenden
Extrakts gefunden.

E. Rinden (Cortices).

Cortex Cascarae Sagradae.

(Kaskara-Sagradarinde.)

Untersuchungsmethode: siehe Helfenberger Annalen 1897,
S. 356.

Untersuchungsresultate:

Nr.	% bei 100° C. getrocknetes alkoholisches Extrakt	Bemerkungen
1	25,30	Die Rinde war sonst von normaler Beschaffenheit.
2	26,00	,,
3	25,00	,,
4	26,30	,,
5	25,50	,,
6	26,25	,,

Cortex Chinae.

(Chinarinde.)

Untersuchungsmethode: siehe Helfenberger Annalen 1897,
S. 357 und nach dem D. A. IV.

Untersuchungsresultate:

Nr.	% Alkaloid	% bei 100° C. getrocknetes alkoholisches Extrakt	% bei 100° C. getrocknetes wässeriges Extrakt	Bemerkungen
1	5,38	22,55	12,65	Aussehen normal, d. A. d. D. A. IV. entsprechend.
2	5,54	24,25	15,90	,, ,,
3	6,16	31,30	—	,, ,,
4	5,44	24,40	16,30	,, ,,
5	6,16	—	—	,, ,,

Beanstandet wurden:

Nr.	% Alkaloid	% bei 100° C. getrocknetes alkoholisches Extrakt	% bei 100° C. getrocknetes wässeriges Extrakt	Bemerkungen
1	4,01	26,45	18,40	Aussehen normal, d. A. d. D. A. IV. nicht entspr.
2	4,31	25,50	15,50	,, ,,
3	4,54	22,55	11,65	,, ,,
4	4,77	16,20	9,70	,, ,,
5	2,27	17,15	10,20	,, ,, (war Carthagena-Chinarinde).
6	4,86	22,75	19,80	,, ,,

Mehr als die Hälfte aller zum Kauf angebotenen China-
rinden musste wegen zu geringen Alkaloidgehalts beanstandet
werden.

*Gleichzeitig sei hier berichtigt, dass in den vorjährigen Annalen
bei der Tabelle die Köpfe vertauscht sind, die hohen Extraktwerte
sind die für den Gehalt an alkoholischem, die niedrigen diejenigen
für den an wässerigem Extrakt.*

Cortex Cinnamomi.

(Zimmtrinde.)

Untersuchungsmethode: siehe Helfenberger Annalen, S. 357
und nach dem D. A. IV.

Untersuchungsresultate:

Im Berichtsjahre kam nur eine Sendung Cassia-Zimmt
zur Untersuchung. Dieselbe lieferte eine Ausbeute von
10,20% an alkoholischem und 6,48% an wässerigem Extrakt.

Auch in diesem Jahre ermittelten wir wieder nach der
Methode von Hanus, wie schon in den vorjährigen Annalen
berichtet, in drei verschiedenen Zimmtrinden und einem Ol.
Cinnamomi acuti den Gehalt an Zimmtaldehyd.

Beifolgend die Resultate, welche wir gewannen:

Cort. Cinnamomi tot.   7 g Rinde $= 0{,}1882$ g Semioxamazon
$\qquad\qquad\qquad\qquad\qquad\qquad = 1{,}634\%$ Aldehyd.

„   „   in fragm. 7 g   „ $= 0{,}1792$ g Semioxamazon
$\qquad\qquad\qquad\qquad\qquad\qquad = 1{,}558\%$ Aldehyd.

„   „   Ceylanici 7 g   „ $= 0{,}2339$ g Semioxamazon
$\qquad\qquad\qquad\qquad\qquad\qquad = 2{,}034\%$ Aldehyd.

„   „   „   7 g   „ $= 0{,}2328$ g Semioxamazon
$\qquad\qquad\qquad\qquad\qquad\qquad = 2{,}023\%$ Aldehyd.

Oleum Cinnamomi acuti   0,1760 g $= 0{,}2338$ g Semioxamazon
$\qquad\qquad\qquad\qquad\qquad\qquad = 80{,}79\%$ Aldehyd.

Cortex Condurango.

(Kondurangorinde.)

Untersuchungsmethode: siehe Helfenberger Annalen 1897, S. 357 und nach dem D. A. IV.

Untersuchungsresultate:

Nr.	% bei 100° C. getrocknetes alkoholisches Extrakt	Bemerkungen
1	18,70	Die Rinde entsprach im Äusseren den A. d. D. A. IV.
2	16,95	"
3	17,45	"
4	18,75	"

Beanstandet wurden:

Nr.	%	Bemerkungen
1	14,60	Äusseres sonst normal. Den A. d. D. A. IV. entspr.
2	13,65	" "

F. Samen (Semina).

Semen Sinapis.

(Senfsamen.)

Untersuchungsmethode: Bestimmung des ätherischen Senföls nach der modifizierten E. Dieterich'schen Methode: siehe Helfenberger Annalen 1901, S. 116 oder nach der Methode des D. A. IV.

Ausserdem nach dem D. A. IV. und eventuell nach Helfenberger Annalen 1900, S. 185 ff.

Untersuchungsresultate:

Nr.	% ätherisches Senföl titriert	Bemerkungen	Nr.	% ätherisches Senföl titriert	Bemerkungen
1	0,66	schwarz kleinkörn.	15	0,88	—
2	0,71	—	16	0,624	—
3	0,99	—	17	0,89	—
4	0,75	—	18	0,80	—
5	0,81	—	19	0,94	—
6	0,93	—	20	0,84	—
7	0,822	grosskörnig	21	0,843	braun kleinkörnig
8	0,685	—	22	0,892	—
9	0,96	—	23	0,57	—
10	0,632	braun grosskörnig	24	0,70	—
11	0,86	—	25	0,92	—
12	0,654	—	26	0,86	—
13	0,95	türk. Senf, kleinkörn.	27	0,92	—
14	0,615	—			

Beanstandet wurden:

Nr.	% ätherisches Senföl titriert	Bemerkungen	Nr.	% ätherisches Senföl titriert	Bemerkungen
1	0,495	grosskörnig	6	0,48	Sarepta-Senf
2	0,489	—	7	0,28	—
3	0,450	—	8	0,34	—
4	0,480	russischer Senf	9	0,41	—
5	0,25	—			

Im Jahre 1904 wurde uns auch ein nicht entöltes Senfpulver zum Kauf angeboten, welches bei der Untersuchung 0,96 % aeth. Senföl ergab.

G. Wurzeln (Radices).

Radix Gentianae.

(Enzianwurzel.)

Untersuchungsmethode: siehe Helfenberger Annalen 1897, S. 359 und nach dem D. A. IV.

Untersuchungsresultate:

Nr.	% bei 100° C. getrocknetes wässeriges Extrakt	Bemerkungen
1	44,80	Aussehen normal
2	47,50	"

Beanstandet wurde:

1	31,00	waren nur sehr dünne Wurzeln

Die Enzianwurzel wurde im Berichtsjahre ebenfalls der systematischen Vegetabilien-Untersuchung unterworfen; die gewonnenen Resultate seien hier mitgeteilt.

Zur Bereitung von Enzianextrakt:

10 g Wurzel wurden mit 100 g kaltem Wasser unter öfterem Durchschütteln 24 Stunden extrahiert, koliert, ausgepresst und filtriert. Vom Filtrat wurden aliquote Teile (25 ccm = 2,5 g) eingedampft, getrocknet und gewogen.

gröblich gepulverte Wurzel I 37,80—39,53 % b. 100° C. getrock-
                                                    netes Extrakt

„	„	„	II 39,78—39,82 %	„
„	„	„	III 32,94—34,06 %	„
fein	„	„	I 35,25—35,42 %	„

Zur Bereitung von Enzianextrakt:

10 g Wurzel wurden mit 100 g siedendem Wasser übergossen, zwei Stunden stehen gelassen und dann 15 Minuten im siedenden Wasserbad unter öfterem Umschwenken erhitzt. Nach 24 stündigem Stehen wurde das Wassergewicht ergänzt, koliert, ausgepresst, filtriert etc.

Das Filtrat war bei der Bereitung auf heissem Wege stets opalisierend trübe.

gröblich gepulverte Wurzel I 40,19—40,70% b. 100° C. getrocknetes Extrakt

			II 40,99—41,22%	„
„	„	„		
fein	„	„	I 38,68—38,91%	„

Zur Bereitung von Enziantinktur:

10 g Wurzel wurden mit 100 ccm verdünntem 68%igem Weingeist 24 Stunden extrahiert, filtriert etc.

gröblich gepulverte Wurzel I 36,54—37,19% b. 100° C. getrocknetes Extrakt

„	„	„	II 39,24—39,31%	„
„	„	„	III 36,32—38,35%	„
fein	„	„	I 38,94—39,20%	„

Zur Bereitung von Enzian-Fluidextrakt:

10 g Wurzel wurden mit 100 ccm eines Gemisches von gleichen Teilen Weingeist von 90% und Wasser 24 Stunden kalt extrahiert, filtriert etc.

gröblich gepulverte Wurzel I 38,89—39,66% b. 100° C. getrocknetes Extrakt

„	„	„	II 39,81—41,30%	„
„	„	„	III 38,57—38,70%	„
„	„	„	IV 38,88—39,07%	„
fein	„	„	I 40,09—40,40%	„

Radix Ipecacuanhae.

(Brechwurzel.)

Untersuchungsmethode: siehe Helfenberger Annalen 1897, S. 359 und nach dem D. A. IV.

Untersuchungsresultate:

Nr.	% Alkaloid	Bemerkungen
A) Rio-Ipecacuanha.		
1	2,36	Aussehen gut. D. A. d. D. A. IV. entsprechend.
2	2,02	„ „
3	2,08	„ „
Beanstandet wurden:		
1	1,86	Aussehen normal. D. A. d. D. A. IV. nicht entsprechend.
2	1,818	„ „
3	1,620	„ „
4	1,87	„ „
5	1,41	„ „
6	1,57	„ „
7	1,75	„ „
8	1,354	„ „
9	1,83	„ „
10	1,52	„ „
11	1,625	„ „
12	1,372	„ „
13	1,727	„ „
14	1,994	„ „
15	1,676	„ „
16	1,803	„ „

Nr.	% Alkaloid	Bemerkungen

B) Carthagena-Ipecacuanha.

| 1 | 2,26 | Aussehen normal. Dem D. A. IV. nicht entsprechend, weil nicht offizinell. |

Beanstandet wurden:

1	1,98	Aussehen normal.
2	1,449	"
3	1,697	"
4	1,727	"
5	1,96	"
6	1,396	"
7	1,993	"
8	1,737	"

Wie im Vorjahre, so erreichte auch in diesem Berichtsjahre der Alkaloidgehalt der Rio-Brechwurzel selten die vom D. A. IV. geforderte Höhe von 2,03%.

Die Brechwurzel, welche in der Therapie die verschiedenste Verwendung findet und in Form von Brechwurzel-Fluidextrakt, Brechwein, Brechwurzel-Aufguss, Brechwurzel-Tinktur und als Ipecacuanha-Sirup dargereicht wird, haben wir im Jahre 1904 einmal eine Sendung Rio-Brechwurzel der in den letzten Annalen erwähnten individuellen Vegetabilien-Untersuchung im Hinblick auf die Darstellung obengenannter Präparate unterworfen und erlauben uns die erhaltenen Werte hier mitzuteilen.

Zur Bereitung von Brechwurzel-Fluidextrakt:

10 g Wurzel wurden mit 100 ccm 90% Weingeist 24 Std. unter öfterem Durchschütteln stehen gelassen, nach dieser Zeit koliert, filtriert und vom Filtrat ein aliquoter Teil (20 ccm = 2 g) eingedampft, getrocknet und gewogen . . . . . . = 8,95—8,96% bei 100° C. getr. Extrakt.

Zur Bereitung von Brechwurzel-Wein:

10 g Wurzel wurden mit 100 ccm
eines 15%igen Weingeistes in
der gleichen Weise wie beim
Fluidextrakt behandelt . . $= 22{,}92$—$23{,}29\,\%$ bei 100^{0} C.
getr. Extrakt.

Zur Bereitung von Brechwurzel-Dauerextrakt und Aufguss:

10 g Wurzel wurden mit 100 ccm
einer Mischung aus 1 Teil
Weingeist und 20 Teil. Wasser
in der gleichen Weise wie oben
beim Fluidextrakt behandelt $= 22{,}74$—$22{,}86\,\%$ bei 100^{0} C.
getr. Extrakt.

Zur Bereitung von Brechwurzel-Tinktur:

10 g Wurzel wurden mit 100 ccm
68%igem Weingeist in der
mehrfach genannten Art und
Weise behandelt . . . . . $= 19{,}34$—$19{,}36\,\%$ bei 100^{0} C.
getr. Extrakt.

Zur Bereitung von Brechwurzel-Sirup:

10 g Wurzel wurden mit 100 ccm
eines Gemisches von 5 Teilen
Weingeist und 40 Teil. Wasser
in der obengenannten Weise
behandelt . . . . $= 22{,}45$—$22{,}88\,\%$ bei 100^{0} C.
getr. Extrakt.

Radix Liquiritiae russica.

(Russisches Süssholz.)

Untersuchungsmethode: siehe Helfenberger Annalen 1897, S. 359 und nach dem D. A. IV.

Untersuchungsresultate:

Nr.	$^o/_o$ bei 100° C. getrocknetes wässeriges Extrakt	Bemerkungen
1	27,80—28,40	Aussehen normal
2	31,80	„
3	32,41	„
4	30,90	„
5	34,50	„
6	36,00	„
7	33,90	„
8	38,14	waren sehr schöne Pulverabfälle
9	34,12	gelbe teils faserige, teils holzige Stücke
10	33,52	waren gute Pulver-Abfälle
11	34,22	Aussehen normal
12	34,36	„
13	33,40	„
14	30,24	„
15	35,00	„
16	34,00	„
17	33,20	„
18	33,43	„
19	33,88	„
20	31,32	„
21	30,30	„
22	30,60	„
23	35,30	„

Beanstandet wurden:

Nr.	$^o/_o$	Bemerkungen
1	20,80—22,40	Aussehen sehr schön, sogen. Bassorah-Süssholz
2	28,70	„ genügend

Der Durchschnittsextraktgehalt des Süssholzes hat sich im Jahre 1904 noch weiter gebessert, so dass im ganzen Berichtsjahre nur noch 3 Muster angeboten wurden, bei denen die Ausbeute an trockenem Extrakt unter 30% blieb.

Auch von dem hier in grossen Mengen verarbeiteten Süssholz unterwarfen wir drei Sendungen einer verschiedenartigen Extraktion und zwar zogen wir dasselbe 1) mit kochendem Wasser in der schon seit Jahren hier geübten Weise aus, 2) mit kaltem Wasser, 3) mit einem Gemisch von 99 g Wasser und 1 g Liq. Ammon. caust. 10% und 4) mit einem Gemisch von 49,0 g 90% Weingeist, 48,0 g Wasser und 3 g 10% Ammoniakflüssigkeit. Alle Extraktionen wurden im Verhältnis 10,0 Wurzel : 200 ccm Extraktionsmittel ausgeführt. Die hierbei erhaltenen Resultate seien im folgenden aufgeführt:

I. Zur Herstellung von Extrakt und Saft mit kochendem Wasser ausgezogen:

    1. 31,38—31,90% bei 100° C. getrocknetes Extrakt
    2. 30,64—30,68%   „
    3. 27,96—28,10%   „

II. Zur Herstellung von Extrakt und Saft mit kaltem Wasser ausgezogen:

    1. 27,31—28,00% bei 100° C. getrocknetes Extrakt
    2. 27,50—27,70%   „
    3. 26,06—26,54%   „

Der kalt bereitete Auszug war braun und trübte sich beim Erhitzen sofort, ein Zeichen, dass auf diese Weise sehr viel Pflanzeneiweiss in Lösung geht.

III. Zur Herstellung von Extrakt und Sirup mit ammoniakalischem Wasser kalt extrahiert:

    1. 30,70—31,38% bei 100° C. getrocknetes Extrakt
    2. 30,98—31,68%   „
    3. 28,08—28,40%   „

Der Auszug war von dunkel rötlichbrauner Farbe.

IV. Zur Herstellung von weingeistigem Extrakt und Sirup. Die Extraktion geschah mit dem obengenannten ammoniakalischen Spiritus-Wasser-Gemisch. Die gewonnenen Auszüge waren von intensiv rötlich-gelber Farbe und lieferten:

1. 30,27—30,34 % bei 100° C. getrocknetes Extrakt
2. 28,69—30,96 % „
3. 26,61—26,93 % „

Radix Rhei.

(Rhabarber, Rhabarberwurzel.)

Untersuchungsmethode: siehe Helfenberger Annalen 1897, S. 360 und nach dem D. A. IV.

Untersuchungsresultate:

Nr.	% bei 100° C. getrocknetes wässeriges Extrakt	% bei 100° C. getrocknetes alkoholisches Extrakt	Bemerkungen
1	35,09	37,52	Aussehen gut, den A. d. D. A. IV. entspr.
2	25,84	34,64	„ „
3	30,05	35,25	„ „
4	32,00	34,00	„ „
5	32,72—33,12	39,97	„ „
6	30,45—31,24	38,38—38,63	„ „

Beanstandet wurde:

1	26,75	23,61	Aussehen genügend.

Radix Senegae.

(Senegawurzel.)

Untersuchungsmethode: siehe Helfenberger Annalen 1897, S. 360 und nach dem D. A. IV.

Untersuchungsresultate:

Nr.	$\%$ bei 100° C. getrocknetes alkoholisches Extrakt	Bemerkungen
1	24,59—24,76	Aussehen gut
2	33,70—33,74	„ sehr gut
3	30,25—30,75	„ gut
4	26,62—26,94	„ genügend
5	27,60—27,68	„ gut

Beanstandet wurde:

1	21,76—21,78	Aussehen ungenügend

H. Wurzelknollen (Tubera).

Tubera Jalapae.

(Jalapenwurzel, Jalapenknollen.)

Untersuchungsmethode: nach dem D. A. IV.

Untersuchungsresultate:

Von Jalapenknollen kamen im Berichtsjahre eine Sendung ganze Ware und eine Sendung Pulver zur Untersuchung.

Die ganze Ware ergab 12,10$\%$, das Pulver nur 9,10$\%$ Harz-Ausbeute, bei 8,86$\%$ Feuchtigkeit und 3,95$\%$ Asche.

J. Wurzelstöcke (Rhizomata).

Rhizoma Filicis.

(Farnwurzel.)

Untersuchungsmethode: Bestimmung des Gehaltes an ätherischem Extrakt und nach dem D. A. IV.

Untersuchungsresultate:

Es kam im Berichtsjahre nur ein Durchschnittsmuster einer grossen Sendung Farnwurzeln zur Untersuchung.

Das im grossen im Betriebe gepulverte lufttrockene Filixrhizom verlor bei 100^0 C. noch $7,45\%$ Feuchtigkeit und gab eine Ausbeute von $8,20-8,46\%$ an ätherischem Extrakt (auf lufttrockene Droge berechnet).

Ein von derselben Sendung im Laboratorium gepulvertes Durchschnittsmuster hatte $13,00\%$ Feuchtigkeit und lieferte $6,34\%$ ätherisches Extrakt (auf bei 100^0 C. getrocknete Droge berechnet).

Wurde letztgenanntes selbstgepulvertes Durchschnittsmuster nicht absolut trocken zur Extraktion verwendet, sondern nur lufttrocken, so hatte dasselbe noch $6,50\%$ Wassergehalt und lieferte $5,98\%$ ätherisches Extrakt (auf lufttrockene Droge berechnet) oder $6,40\%$ (auf bei 100^0 C. getrocknete Droge berechnet).

Rhizoma Hydrastis.

(Hydrastisrhizom.)

Untersuchungsmethode: siehe Helfenberger Annalen 1897, S. 361 und nach dem D. A. IV.

Untersuchungsresultate:

Nr.	% bei 100° C. getrocknetes alkoholisches Extrakt	% Hydrastin	Bemerkungen
1	22,70	3,20	E. d. A. d. D. A. IV., enthielt viel dünne Nebenwurzeln.
2	23,00	3,47	„ Aussehen normal, sehr gut.
3	25,00	3,68	„ „ „
4	21,46	1,57	„ „
5	24,80	1,79	„ „
6	26,75	3,66	„ „
7	25,75	3,60	„ „
8	21,25	3,16	„ „
9	24,95	2,11	„ „
10	23,63	2,80	„ „
11	22,07	2,68	„ „
12	23,46	2,39	„ „
13	26,20	3,14	„ „
14	25,25	3,30	„ „
15	21,95	3,67—3,76	„ „

Beanstandet wurde:

Nr.			
1	19,38	1,57	Waren wenig ganze Rhizome, meistens faserige Rhizomanteile.

K. Zwiebeln (Bulbi).

Bulbus Scillae.

(Meerzwiebel.)

Untersuchungsmethode: Bestimmung des jeweiligen Extraktgehaltes unter Anlehnung an die betreffende Vorschrift desjenigen Präparates, welches aus den Meerzwiebeln hergestellt werden soll und nach dem D. A. IV.

Untersuchungsresultate:

Im Berichtsjahre wurde eine im Aussehen und auch sonst dem D. A. IV. entsprechende Sendung von Bulbus Scillae dazu benutzt, um unter möglichster Anlehnung an die Herstellungs-Vorschriften der betreffenden Präparate die Extraktwerte festzustellen.

Nachstehend die erhaltenen Resultate:

Zur Bereitung von Extrakt und Tinktur:

Die Droge wurde nach bekannter Vorschrift mit 68%igem Weingeist ausgezogen . . . . . . = 69,16—70,36% bei 100° C. getr. Extrakt.

Zur Bereitung von Fluidextrakt:

Der Auszug der Droge wurde mit 90%igem Weingeist vorgenommen . . . . = 4,27—4,31% bei 100° C. getr. Extrakt.

Zur Bereitung von Tinktur:

Die Meerzwiebel wurde mit einem Gemisch von 1 Teil Wasser und 7 Teilen Weingeist ausgezogen . . . . = 76,67—76,88% bei 100° C. getr. Extrakt.

Zur Bereitung von Meerzwiebelwein:

Die Meerzwiebel wurde mit einem dem Alkoholgehalt des Weines entsprechenden 15 %igen Weingeist (16,6 g Weingeist, 83,4 g Wasser) ausgezogen . = 76,77—78,08% bei 100° C. getr. Extrakt.

Zur Bereitung von Aufguss und Dauerextrakt:

Die Droge wurde mit Wasser sowohl heiss, als auch kalt ausgezogen . . . . heiss = 73,65—73,75% bei 100° C. getr. Extrakt.

kalt = 74,55—74,64% bei 100° C. getr. Extrakt.

Wachse.

A. Pflanzenwachse.

Cera Carnauba.

(Karnaubawachs.)

Untersuchungsmethode: Bestimmung des Schmelzpunktes und der S.-Z. d., E.-Z., V.-Z. h. wie bei Cera flava cruda.

Untersuchungsresultate:

Handelsbezeichnung	Schmelz-punkt °C.	S.-Z. d.	E.-Z.	V.-Z. h.	Bemerkungen
naturell	—	4,20	77,00	81,20	von grünl. Farbe
„	—	2,80	73,92	76,72	„
gebleichtes Karnauba-wachs	—	—	—	1,70	wie Ceresin aussehend
	—	—	—	2,24	„
albificata	67,0—68,0	0,00	0,00	0,00	völlig neutral, enthielt keine verseifbaren Bestandteile, war unlösl. in Alkohol und Äther, löslich in Chloroform
	69,0	—	—	0,00	
sogen. Karnauba-wachs-Rückstände	77,0—78,0	18,36	7,35	25,71	—
		18,36	7,95	26,31	
	73,0—74,0	6,42	9,19	15,61	—
		6,42	10,21	16,63	
	79,0	11,02	6,42	17,44	—
		11,93	6,40	18,33	

Cera japonica.

(Japanwachs.)

Untersuchungsmethode: siehe Helfenberger Annalen 1897, S. 364.

Untersuchungsresultate:

Nr.	Schmelzpunkt ⁰ C.	S.-Z. d.	E.-Z.	V.-Z.h.	% Verlust bei 100⁰ C.	Bemerkungen
1	52,0	21,05	195,37	216,42	2,11	Stärkefrei.
2	53,0	16,80	200,60	217,40	2,46	„
3	53,0	19,60	202,50	222,10	—	„
4	52,0	16,80	196,60	213,40	—	„
5	55,0	16,80	197,30	214,10	—	„
6	53,0—54,0	16,80	196,60	213,40	2,45	„
7	53,0	16,80	200,60	217,40	—	„
8	52,0	14,00	202,40	216,40	—	„
9	51,0—52,0	19,86	205,64	225,50	1,52	„
10	51,0	16,80	205,20	222,00	—	„
11	52,0	16,80	203,00	219,80	—	„
12	52,0	18,60	205,40	224,00	—	„
13	52,0	17,70	205,80	223,50	—	„
14	52,0	16,80	203,00	219,80	—	„
15	54,0	18,95	191,04	209,99	—	„
16	54,0	17,85	187,51	205,36	—	„
17	53,0—54,0	17,46	192,59	210,05	—	„

Beanstandet wurde:

1	47,0	5,60	83,44	89,04	—	Stark m. Paraffin verfälscht.

B. Tierwachse.

Adeps Lanae anhydricus.

(Wasserfreies Wollfett.)

Untersuchungsmethode: siehe Helfenberger Annalen 1897, S. 340 und nach dem D. A. IV. (incl. Adeps Lanae cum Aqua, Wasserhaltiges Wollfett).

Untersuchungsresultate:

Nr.	% Verlust bei 100° C.	% Asche	S.-Z.	Wasser- aufnahme- fähigkeit in Prozenten	Bemerkungen
A) purum D. A. IV.					
1	0,15	0,00	0,24	Über 250	E. d. A. d. D. A. IV.
2	0,23	0,00	0,18	,,	,,
3	—	0,00	0,36	,,	,,
B) technicum.					
1	2,64	0,00	0,728	Über 250	—
2	2,62	0,00	0,672	,,	—
3	2,69	0,00	0,728	,,	—
4	4,45	0,00	0,670	,,	Hat starken Geruch. E. s. d. A. d. D. A. IV.
5	4,35	Spuren	0,560	,,	,, ,,
6	4,16	,,	0,560	,,	,, ,,
7	—	0,02	0,670	,,	—
8	—	—	0,620	,,	—
9	—	0,00	0,670	,,	—
10	—	—	0,760	,,	—
11	—	0,00	0,700	,,	Hat starken Geruch.
12	—	Spuren	0,670	,,	—

Cera alba pura.

(Reines, weisses Wachs.)

Untersuchungsmethode: siehe Helfenberger Annalen 1897, S. 364 und nach dem D. A. IV., bei letzterem die Bestimmung der S.-Z. d., E.-Z. und V.-Z. h., welche falsche Resultate gibt, ausgenommen.

Untersuchungsresultate:

Nr.	Spez. Gew. b. 15⁰ C.	Schmelz- punkt ⁰ C.	S.-Z. d.	E.-Z.	V.-Z. h.	Bemerkungen
1	0,9690	64,0	21,46	75,60	97,06	E. s. d. A. d. D. A. IV.
2	0,9670	63,0	23,30	73,76	97,06	„
3	0,9664	63,5— 64,0	19,60	75,56	95,16	„
4	0,9660	64,0	18,66	73,75	92,41	„
5	0,9692	64,0	21,40	74,70	96,10	„ Mit Weingeist ziemliche Trübung, mit Soda keine vollstd. Abscheidung. (Schien unverfälscht.)
6	0,9663	63,5— 64,0	19,60	75,56	95,16	E. s. d. A. d. D. A. IV. Weingeistprüfung gut aushaltend, bei der Sodaprobe sehr gute Abscheidung.

Beanstandet wurden:

Nr.	Spez. Gew. b. 15⁰ C.	Schmelz- punkt ⁰ C.	S.-Z. d.	E.-Z.	V.-Z. h.	Bemerkungen
1	—	64,0	19,60	80,20	99,80	Weingeistprobe starke Trübung, sauer reagierend, bei der Sodaprobe schlechte Abscheidung.
2	—	—	—	—	—	Weingeist- und Sodaprüfung völlig ungenügend, nicht weiter untersucht.
3	—	63,0	22,41	47,60	70,01	Hielt die Weingeist-, aber nicht die Sodaprobe aus.
4	—	62,0— 63,0	12,13	70,02	82,15	Hielt sowohl die Weingeist-, als auch die Sodaprobe. Fühlte sich schmierig an.
5	—	—	—	—	—	Weingeist- und Sodaprüfung völlig ungenügend, nicht weiter untersucht.
6	—	—	—	—	—	Weingeistprobe starke Trübung und stark saure Reaktion, bei der Sodaprobe schlechte Abscheidung.

Cera flava cruda.

(Gelbes Rohwachs.)

Untersuchungsmethode: siehe Helfenberger Annalen 1897, S. 362, 363 und nach dem D. A. IV., bei letzterem mit Ausnahme der S.-Z. d., E.-Z. und V.-Z. h., welche nach der Vorschrift des D. A. IV. zu niedrig ausfallen.

Untersuchungsresultate:

Nr.	Spez. Gew. bei 15°C.	Schmelz-punkt ⁰ C.	S.-Z. d.	E.-Z.	V.-Z. h.	Bemerkungen
1	0,9636	64,0	19,60	73,73	93,33	E. s. d. A. d. D. A. IV.
2	—	64,0—65,0	19,60	72,96	92,56	„
3	0,9620	64,0—65,0	19,60	76,53	96,13	„ bis auf schwache Trübung bei der Weingeistprobe.
4	0,9660	—	20,53	72,80	93,33	E. s. d. A. d. D. A. IV.
5	0,9627	64,0	20,53 20,53	73,73 74,67	94,26 95,20	„
6	0,9621	64,0	20,00 20,50	71,24 70,99	91,24 91,49	„
7	0,9650	—	19,90	75,30	95,20	„ war anscheinend etwas gefärbt. Weingeist- und Sodaprobe waren deutlich gelb.
8	0,9640	64,0	20,30	73,90	94,20	E. s. d. A. d. D. A. IV.
9	0,9641	64,0	19,60	72,80	92,40	„
10	0,9650	—	19,60	76,50	96,10	„
11	0,9640	—	20,30	77,70	98,00	„

Beanstandet wurden:

Nr.	Spez. Gew. bei 15°C.	Schmelz-punkt ⁰ C.	S.-Z. d.	E.-Z.	V.-Z. h.	Bemerkungen
1	—	—	19,60	66,20	85,80	Weingeistprobe schwach sauer, mit Wasser Opaleszenz. Boraxprobe ungenügend.
2	—	—	9,00	25,50	34,50	Weingeistprobe kaum sauer, mit Wasser Trübung. Boraxprobe sehr gut aushaltend.
3	0,960	63,0—64,0	21,44	77,49	98,93	Weingeistprobe starke Trübung, beim Schneiden etwas schmierig.
4	0,930	62,0—63,0	6,53	84,00	90,53	Weingeistprobe erleidet auf Zusatz von wenig Wasser starke Trübung.

In Bezug auf die kalte und heisse Verseifung haben wir uns kürzlich wiederum wie folgt in der Chemischen Revue geäussert:

Bemerkung zu der Arbeit von Dr. Schwarz über den Einfluss der Kochdauer auf die Verseifungszahl von Bienenwachs.

Von Dr. Karl Dieterich.

In Nr. 3 dieser Zeitschrift, S. 53, ist eine Arbeit von Dr. Schwarz referiert über den „Einfluss der Kochdauer auf die Verseifungszahl von Bienenwachs". Nach diesem Referat hat Schwarz gefunden, dass „auch die „kalte" Verseifung nach Henriques gute Resultate gibt, wenn man 25 ccm $\frac{n}{1}$ alkoholischer Kalilauge (mit absolutem Alkohol hergestellt) zu der „erwärmten" Lösung des Wachses in 25 ccm Benzin hinzufügt, $\frac{1}{2}$ Minute auf dem siedenden Wasserbade bis zum Klarwerden „erwärmt" und dann 20 Stunden der Ruhe überlässt". Unter Bezugnahme auf meine früheren Arbeiten über Wachs möchte ich für eventuelle Interessenten hinzufügen, dass unter Einhaltung obiger Bedingungen nach Dr. Schwarz doch unmöglich noch von einer „kalten" Verseifung gesprochen werden kann; denn wenn man erst die Lösung erwärmt, daraufhin $\frac{1}{2}$ Minute auf dem siedenden Wasserbade nochmals erwärmt und erst dann 20 Stunden der Ruhe überlässt, kann man keinesfalls eine Verseifungszahl auf kaltem Wege, sondern nur eine solche erhalten, welche der auf heissem Wege erhaltenen gleichkommt. Es ist unter diesen Bedingungen also durchaus nicht wunderbar, wenn Schwarz Zahlen erhalten hat, die mit der heissen Verseifungszahl übereinstimmen. Ich habe früher schon an einem recht reichlichen Zahlenmaterial mit einer Reihe anderer Autoren nachgewiesen, dass die kalte Verseifung nach Henriques durchaus nicht immer übereinstimmende Zahlen gibt, vorausgesetzt natürlich, dass man nach der Vorschrift von Henriques wirklich auf „kaltem Wege" verfährt.

Diese obigen Zeilen veröffentliche ich nur deshalb, weil ich nicht möchte, dass in die Literatur ohne Widerspruch die Behauptung von Schwarz übergeht, dass die kalte Verseifung nach Henriques übereinstimmende Zahlen mit den auf heissem Wege erhaltenen Werten gibt. Nach der Beschreibung von Dr. Schwarz handelt es sich also nur um auf etwas andere Art erhaltene Verseifungszahlen auf „heissem" Wege.

„Chemische Revue" 1905, Heft 6.

Kalte Verseifung von Wachs nach Henriques.

Von Dr. F. Schwarz.

Die Ausführungen des Herrn Dr. Karl Dieterich in Nr. 4 dieser Zeitschrift, pag. 79, veranlassen mich darauf hinzuweisen, dass meine Versuche nach der von Henriques gegebenen Vorschrift der kalten Verseifung ausgeführt wurden. Das Verfahren gibt, wie Henriques ausdrücklich betont hat, nur dann zuverlässige Resultate, wenn sich nach dem Zusatz des Alkali eine klare Mischung von Fett, Öl, Wachs etc. mit Lösungsmittel und Lauge gebildet hat. Zur völligen Klarlegung des Sachverhalts gebe ich nachstehend die Ausführungen von Henriques wörtlich wieder:

„Zeitschr. für angew. Chemie" 1896, S. 221.

„Es mag hier nochmals betont werden, dass die Verhältnisse derart gewählt wurden, dass nach dem Zusatz des Alkali eine homogene, klare Flüssigkeit entsteht, in der dann die Verseifung rasch beginnen und fortschreiten kann, nur dadurch scheint mir der quantitative Ausfall der Reaktion gewährleistet."

Dieselbe Zeitschrift 1897, S. 367: „Hier empfiehlt es sich, nach Zugabe der kalten Verseifungslauge zur heissen Benzinlösung noch einen Augenblick zu erwärmen, bis die durch die Temperaturerniedrigung ausgefallene Masse sich wieder gelöst hat."

Wir bemerken hierzu, dass die Ausführungen des Herrn Dr. Schwarz nur wieder bestätigen, dass die Methode von Henriques keine „kalte" Methode ist und — wie wir früher nachwiesen — auch keine mit der „heissen" Methode übereinstimmende Zahlen giebt; sie ist also für die Praxis bedeutungslos.

Weinhefedestillat.

Untersuchungsmethode: Best. des spez. Gewichtes, der Farbe, des Geruches und Geschmackes.

Untersuchungsresultate:

Nr.	Spez. Gew. bei 15⁰ C.	Bemerkungen
1	0,8910	Fast farblose Flüssigkeit, von normal. Geruch u. Geschmack.
2	0,8859	Schwach gelbliche „ „ „ „ „ „
3	0,8845	Farblose „ „ „ „ „ „

Zuckerarten.

Flüssige Raffinade.

Untersuchungsmethode: Qualitativ nach den im D. A. IV. an Saccharum gestellten Anforderungen und Bestimmung des Invert- und Rohrzuckers nach der in den Annalen 1903 S. 207 angegebenen Methode.

Untersuchungsresultate:

Nr.	% Invertzucker	% Rohrzucker	Bemerkungen
1	41,70	35,20	Enthielt Spuren Chloride.
2	41,82	36,84	„
3	42,00	36,39	„
4	37,80	32,70	„
5	38,76	40,24	„
6	38,16	43,29	„

Die Werte für die Handelsware entsprachen den früher von uns gefundenen, jedoch hat das Verhältnis von Rohr- und Invertzucker ziemlich stark geschwankt.

Mannitum.

(Mannit.)

Untersuchungsmethode: nach E. Schmidt, organ. Chemie, IV. Aufl., S. 283 u. 284.

Untersuchungsresultate:

Mannit kam im Berichtsjahre viermal zur Prüfung: Einmal wurde die Feuchtigkeit zu 0,63 %, die Asche zu 0,52 % ermittelt, das zweite Mal nur die Asche zu 0,09 %.

Die beiden anderen Sendungen wurden nur qualitativ geprüft und entsprachen den nach E. Schmidt zu stellenden Anforderungen.

Saccharum.

(Zucker, Meliszucker.)

Untersuchungsmethode: nach dem D. A. IV.

Wir benutzen zur Polarisation einen Polarisationsapparat nach Lippich auf Bockstativ von Franz Schmidt & Haensch, Berlin S.

Zur Polarisation werden 26,048 g Zucker zu 100 ccm gelöst und die abgelesenen Grade mit 2,887 multipliziert oder man löst 25,045 g und multipliziert dann mit 3.

In beiden Fällen gibt die erhaltene Zahl die Prozente Rohrzucker an. Die Polarisation wird im 200 mm-Rohr vorgenommen.

Untersuchungsresultate:

Nr.	% Rohrzucker	Bemerkungen
A) Weisser Meliszucker.		
1	98,25	Entsprach sonst den Anforderungen des D. A. IV.
2	99,15	,,
3	98,43	,,
4	96,75	,,
5	98,25	,,
6	97,50	,,
7	99,03	,,
8	98,70	,,
9	99,75	,,
10	97,20	,,
11	98,10	,,
12	99,75	,,
13	98,64	,,
14	99,45	,,
15	98,10	,,
16	99,75	,,
B) Gelber Farinzucker.		
1	96,60	Enthielt viel Calciumverbindungen und Sulfate, wenig Chloride.
2	97,20	,,

Saccharum Lactis.

(Milchzucker.)

Untersuchungsmethode: nach dem D. A. IV.

Untersuchungsresultate:

Nr.	% in Weingeist lösliche Anteile	% Asche	Bemerkungen
1	1,140	0,00	E. s. d. A. d. D. A. IV.
2	1,113	0,00	,,
3	0,360	0,00	,,
4	1,030	0,00	,,
Beanstandet wurde:			
1	1,633	Spuren	Dem D. A. IV. nicht entsprechend.

Saccharum pulveratum.

(Puderzucker.)

Untersuchungsmethode: Wie bei Meliszucker S. 160.

Untersuchungsresultate:

Nr.	% Rohrzucker	Bemerkungen
1	94,68	E. s. d. A. d. D. A. IV.
2	99,00	„
3	97,56	„
4	98,24	„
5	98,46	„

Traubenzucker.

(Glukose, Stärkezucker.)

Untersuchungsmethode: Bestimmung der Glukose nach
E. Schmidt, org. Chemie, IV. Auflage, S. 887, ferner
der Asche und Feuchtigkeit. Qualitative Prüfung auf
Verunreinigungen.

Untersuchungsresultate:

Nr.	% Trauben- zucker	% Feuchtig- keit	% Asche	Bemerkungen
1	66,40	—	0,30	Enthielt Spuren Sulfate, Chloride und Calciumverbindungen.
2	67,20	—	0,30	„
3	66,12	12,73	0,303	„
4	62,60	13,99	0,313	„

B.

Präparate.

Minderwertige galenische Präparate.

Im Jahre 1904 wurden der hiesigen Fabrik fünf verschiedene, fertige pharmazeutische Präparate zu einem ausser-
ordentlich billigen Preise zum Kauf angeboten.

Trotzdem wir fertige Präparate grundsätzlich nicht kaufen,
der eminent billige Preis auch voraussetzen liess, dass es sich
nur um minderwertige Fabrikate handeln konnte, haben wir
die 5 Präparate

> Tinct. Chinae comp. D. A. IV.
> Tinct. Valerianae D. A. IV.
> Tinct. Valerianae aeth. D. A. IV.
> Spiritus camphoratus D. A. IV.
> Spiritus saponatus D. A. IV.

der Wissenschaft halber einer Untersuchung unterworfen und
teilen im nachfolgenden die erhaltenen Werte mit.

Bei den Tinkturen, an welche das Arzneibuch nur betreffs
Farbe, Geruch und Geschmack Anforderungen stellt, haben
wir unsere im Laufe der Jahre festgestellten Grenzzahlen für
gute und lege artis aus nur besten Materialien bereiteten
Tinkturen in Klammern gegenübergestellt.

**Tinct. Chinae composita D. A. IV. — Zusammengesetzte
Chinatinktur.**

Spez. Gew. bei 15⁰ C. . . . . . . = 0,935 (0,9145—0,9183)
°/₀ Trockenrückstand bei 100⁰ C. = 2,45 (4,64 —5,55)

Tinct. Valerianae D. A. IV. — Baldriantinktur.

Spez. Gew. bei 15⁰ C. . . . . . . = 0,925 (0,9064—0,9113)
°/₀ Trockenrückstand bei 100⁰ C. = 1,91 (3,12 —4,24)

**Tinct. Valerianae aetherea D. A. IV. — Aetherische
Baldriantinktur.**

Spez. Gew. bei 15⁰ C. . . . . . . = 0,888 (0,8165—0,8184)
°/₀ Trockenrückstand bei 100⁰ C. = 1,45 (1,11 —1,54)

Die Bänder der Kapillaranalysen sämtlicher Tinkturen
waren sehr weit auseinander gezogen und fast doppelt so lang
wie bei den entsprechenden normalen Tinkturen.

B.

Präparate.

Minderwertige galenische Präparate.

Im Jahre 1904 wurden der hiesigen Fabrik fünf verschiedene, fertige pharmazeutische Präparate zu einem ausser-
ordentlich billigen Preise zum Kauf angeboten.

Trotzdem wir fertige Präparate grundsätzlich nicht kaufen,
der eminent billige Preis auch voraussetzen liess, dass es sich
nur um minderwertige Fabrikate handeln konnte, haben wir
die 5 Präparate

> Tinct. Chinae comp. D. A. IV.
> Tinct. Valerianae D. A. IV.
> Tinct. Valerianae aeth. D. A. IV.
> Spiritus camphoratus D. A. IV.
> Spiritus saponatus D. A. IV.

der Wissenschaft halber einer Untersuchung unterworfen und
teilen im nachfolgenden die erhaltenen Werte mit.

Bei den Tinkturen, an welche das Arzneibuch nur betreffs
Farbe, Geruch und Geschmack Anforderungen stellt, haben
wir unsere im Laufe der Jahre festgestellten Grenzzahlen für
gute und lege artis aus nur besten Materialien bereiteten
Tinkturen in Klammern gegenübergestellt.

**Tinct. Chinae composita D. A. IV. — Zusammengesetzte
Chinatinktur.**

> Spez. Gew. bei 15⁰ C. . . . . . . $= 0,935 \left\{\begin{matrix} 0,9145-0,9183 \\ 4,64 \quad -5,55 \end{matrix}\right\}$
> % Trockenrückstand bei 100⁰ C. $= 2,45$

Tinct. Valerianae D. A. IV. — Baldriantinktur.

> Spez. Gew. bei 15⁰ C. . . . . . . $= 0,925 \left\{\begin{matrix} 0,9064-0,9113 \\ 3,12 \quad -4,24 \end{matrix}\right\}$
> % Trockenrückstand bei 100⁰ C. $= 1,91$

**Tinct. Valerianae aetherea D. A. IV. — Aetherische
Baldriantinktur.**

> Spez. Gew. bei 15⁰ C. . . . . . . $= 0,888 \left\{\begin{matrix} 0,8165-0,8184 \\ 1,11 \quad -1,54 \end{matrix}\right\}$
> % Trockenrückstand bei 100⁰ C. $= 1,45$

Die Bänder der Kapillaranalysen sämtlicher Tinkturen
waren sehr weit auseinander gezogen und fast doppelt so lang
wie bei den entsprechenden normalen Tinkturen.

Spiritus camphoratus D. A. IV. — Kampherspiritus.

Spez. Gew. bei 15⁰ C. 0,888 (D. A. IV. 0,885—0,889).

10 g Kampherspiritus gebrauchten zur dauernden Ausscheidung des Kamphers nach der Prüfung des D. A. IV. etwas mehr Wasser als vom D. A. IV. zugelassen (4,6—5,3 ccm) wird.

Um den Kampher zu bestimmen, haben wir 20 g Spiritus mit viel Wasser gefällt, durch ein gewogenes Filter filtriert und den Rückstand im Exsikkator getrocknet.

Da sich Kampher nach E. Schmidt in Wasser im Verhältnis 1 : 1200 löst, enthielten die zur Füllung benötigten 140 g Wasser 0,1160 g Kampher. Gewogen wurden 0,8360 g, dies macht pro 20 g Spiritus in Summa 0,952 g, d. h. 4,76 % (das D. A. IV. verlangt 10 % Kampher).

Spiritus saponatus. — Seifenspiritus.

Spez. Gew. bei 15⁰ C. 0,9355 (D. A. IV. 0,925—0,935)
% wasserfreie Seife . 12,78 („ 11,70 %)
Der Seifenspiritus reagiert alkalisch.
100 g enthalten 0,39 % freies Alkali auf KOH berechnet.
Entsprach in Farbe etc. dem D. A. IV.

Aus diesen Analysen erhellt nicht nur, wie schlecht im Handel die Waren angeboten werden und auf welche Weise sich der billige Preis erklärt, sondern — und das ist die Hauptsache — **wie wenig zureichend die Anforderungen und Prüfungen des D. A. IV. für Tinkturen und andere galenische Präparate noch sind.**

Acetum.

(Essig.)

Untersuchungsmethode: siehe Helfenberger Annalen 1897, S. 365 und 366 und nach dem D. A. IV.

Untersuchungsresultate:

Im Berichtsjahre kam nur eine Fabrikation Acetum aromaticum D. A. IV. zur Prüfung.

Das spezifische Gewicht betrug 0,9899, der Gehalt an Essigsäure 6,90 %. Sonst stellte der aromatische Essig eine wasserhelle, farblose Flüssigkeit von normalem Geruch dar, die dem D. A. IV. auch sonst völlig entsprach, und deren sonstige Werte den in früheren Jahren von uns dafür festgelegten entsprachen.

Aqua Amygdalarum amararum.

(Bittermandelwasser.)

Untersuchungsmethode: nach dem D. A. IV.

Untersuchungsresultate:

Nr.	Spez. Gew. bei 15° C.	25 ccm verbrauchten x ccm $\frac{n}{10}$AgNO$_3$	Gew. % HCN	Bemerkungen
1	0,9750	4,75	0,1048	E. s. d. A. d. D. A. IV.
2	0,9750	4,70	0,1040	„
3	0,9800	4,70	0,1017	„
4	0,9750	4,65	0,1032	„
5	0,9750	4,60	0,1021	„

Beanstandet wurden:

Nr.	Spez. Gew. bei 15° C.	25 ccm verbrauchten x ccm $\frac{n}{10}$AgNO$_3$	Gew. % HCN	Bemerkungen
1	0,9740	8,05	0,1788	E. s. d. A. d. D. A. IV.
2	0,9760	7,90	0,1750	„
3	0,9740	4,85	0,1077	„

Die nur wegen ihres zu hohen Gehaltes an Blausäure beanstandeten 3 Fabrikationen Bittermandelwasser wurden durch entsprechende Verdünnung mit gleichschweren Spiritus-Wassermischungen in, den Anforderungen des D. A. IV. entsprechende Präparate verwandelt. Da der Gehalt auf dem Lager durch öfteres Öffnen der Vorratsflaschen etc. stets etwas zurückgeht, halten wir für den Verkauf den Gehalt möglichst auf der höchsten Grenze.

Cataplasma antiseptique.

(Antiseptischer Umschlag.)

Dasselbe war ein stark apprettierter, weisser Verbandmull mit einseitigem fein aber ungleich verteiltem Belag von Watte und war geruchlos. Die wässerige Auskochung liess sich nur schwer filtrieren, das Filtrat reagierte ganz schwach sauer, Eisenchlorid oder Schwefelwasserstoff liessen dasselbe unverändert. Auf Zusatz von Jod wurde das Filtrat gebläut, während Gerbsäure keine Veränderung hervorrief.

Kurkumapapier, welches mit dem Filtrat befeuchtet wurde, wurde nach dem Trocknen fleischfarben und durch darauffolgendes Befeuchten mit Ammoniakflüssigkeit blaugrün. Wurde das Filtrat der wässerigen Auskochung des Kataplasmas zur Trockne verdampft, der Rückstand mit konz. Schwefelsäure aufgenommen, mit Alkohol übergossen und dieser angezündet, so färbte sich die Flamme grün.

Demnach konnte in dem Kataplasma als antiseptische Substanz nur Borsäure nachgewiesen werden.

Chartae.

(Papiere.)

Chartae exploratoriae.

(Reagenspapiere.)

Untersuchungsmethode: siehe Helfenberger Annalen 1897, S. 367.

Untersuchungsresultate:

Charta exploratoria	Nr.	Empfindlichkeit gegen NH_3
Kurkumapapier		
auf Filtrierpapier, in Bogen	1	1 : 10000
„ „ „ „	2	1 : 5000
„ „ „ „	3	1 : 20000
„ Postpapier, einseitig, in Bandform	1	1 : 10000
„ „ „ „ „	2	1 : 10000
„ „ „ „ Bogen	1	1 : 20000
„ „ „ „ „	2	1 : 5000
„ „ „ „ „	3	1 : 10000
„ „ zweiseitig „ „	1	1 : 5000
„ „ „ „ „	2	1 : 10000
Lackmuspapier, rot		
auf Filtrierpapier, in Bandform	1	1 : 50000
„ „ „ „	2	1 : 40000
„ „ „ „	3	1 : 30000

Charta exploratoria	Nr.	Empfindlichkeit gegen NH_3
Lackmuspapier, rot		
auf Filtrierpapier, in Bogen	1	1 : 50000
„ „ „ „	2	1 : 30000
„ „ „ „	3	1 : 40000
„ „ „ „	4	1 : 50000
„ „ „ „	5	1 : 20000
„ „ „ „	6	1 : 40000
„ „ „ „	7	1 : 30000
„ „ „ „	8	1 : 40000
„ Postpapier, einseitig, in Bandform	1	1 : 40000
„ „ „ „ „	2	1 : 30000
„ „ „ „ „	3	1 : 50000
„ „ „ „ Bogen	1	1 : 50000
„ „ „ „ „	2	1 : 40000
„ „ „ „ „	3	1 : 20000
„ „ „ „ „	4	1 : 30000
„ „ zweiseitig „ „	1	1 : 40000
„ „ „ „ „	2	1 : 30000
Phenolphtalein-Papier		
auf Filtrierpapier, in Bandform	1	1 : 10000

Charta exploratoria	Nr.	Empfindlichkeit gegen SO_3
Kongorotpapier		
auf Filtrierpapier, in Bogen	1	1 : 5000
„ „ „ „	2	1 : 10000
„ Postpapier, einseitig, in Bandform	1	1 : 5000
„ „ „ „ Bogen	1	1 : 10000
„ „ zweiseitig „ „	1	1 : 10000
„ „ „ „ „	2	1 : 5000

Charta exploratoria	Nr.	Empfindlichkeit gegen SO_3
Lackmuspapier, blau		
auf Filtrierpapier, in Bandform	1	1 : 40000
„ „ „ „	2	1 : 20000
„ „ „ „	3	1 : 30000
„ „ „ Bogen	1	1 : 40000
„ „ „ „	2	1 : 30000
„ „ „ „	3	1 : 20000
„ „ „ „	4	1 : 30000
„ „ „ „	5	1 : 30000
„ „ „ „	6	1 : 40000
„ „ „ „	7	1 : 50000
„ „ „ „	8	1 : 40000
„ „ „ „	9	1 : 40000
„ Postpapier, einseitig, in Bandform	1	1 : 30000
„ „ „ „ „	2	1 : 40000
„ „ „ „ „	3	1 : 20000
„ „ „ „ „	4	1 : 30000
„ „ „ „ Bogen	1	1 : 40000
„ „ „ „ „	2	1 : 30000
„ „ „ „ „	3	1 : 40000
„ „ zweiseitig „ „	1	1 : 20000
„ „ „ „ „	2	1 : 30000
„ „ „ „ „	3	1 : 40000

Chartae exploratoriae diversae.

(Verschiedene Reagenspapiere.)

Untersuchungsmethode: Wir prüfen qualitativ auf die entsprechende Reaktionsfähigkeit.

Untersuchungsresultate:

Nr.	Charta exploratoria	Art der Prüfung der Empfindlichkeit	Nr. d. einzelnen Fabrikationen	Empfindlichkeit
1	**Bleipapier** z. Nachweis v. Schwefelwasserstoff, auf Filtrierpapier in Bogen	Mit Schwefelwasserstoffgas od. Schwefelwasserstoffwasser: Schwärzung.	1 2 3 4	bei allen vier Proben normal. „
	Harnreagenspapier A. zum Nachweis von Eiweiss im Urin	Mit einer sehr verdünnten Eiweisslösung: Deutliche Fällung.		normal, je zwei zusammen geprüfte Fabrikationen zeigten die geringsten Spuren Eiweiss
2 3	**Eiweissreagenspapier** Nr. I auf Filtrierpapier in Bogen „ II „	Müssen zusammen geprüft werden	1 2 3 1 2 3	sofort an und zwar noch in Verdünnungen bis 1:7500, d. h. bei 0,0133 % Eiweissgehalt.
	B. z. Nachweis von Traubenzucker im Urin	Mit einer sehr verdünnten Traubenzuckerlösung: Entfärbung oder sogar Fällung von Cu_2O.		normal, je zwei zusammen geprüfte Fabrikationen liessen Traubenzucker in
4 5	**Zuckerreagenspapier** Nr. I auf Filtrierpapier in Bogen „ II „	Müssen zusammen geprüft werden.	1 2 3 1 2 3	geringster Menge sofort erkennen und zwar noch in Verdünnungen bis 1:5000, d. h. bei 0,02 % Zuckergehalt.

Nr.	Charta exploratoria	Art der Prüfung der Empfindlichkeit	Nr. d. einzelnen Fabrikationen	Empfindlichkeit
6	**Phenolphtalein-Polpapier** zum Nachweis des negativen Pols, auf Filtrierpapier, in Bandform	Mit einem Strom von 1—2 Volt Spannung wird das feuchte Papier behandelt: Deutliche Rotfärbung am negativen Pol.	1 2	Der geringe Strom wurde in beiden Fällen schnell und deutlich angezeigt.
7	**Stärkepapier** zum Nachweis freien Jods, auf Postpap., zweiseitig, in Bogen	Mit Jodwasser: Bläuung.	1 2	war bei beiden Fabrikationen normal.
8	**Stärke-Jodkali-Papier**, auf Postpapier, einseitig, zum Nachweis v. freiem Chlor, Brom, Wasserstoffsuperoxyd, überhaupt von allen aus Jodkalium das Jod ausscheidenden Verbindungen	Mit Chlor- oder Bromwasser: Deutliche Bläuung.	1 2 3	bei allen drei Fabrikationen normal.

Chartae exploratoriae neutrales.

(Neutrale Reagenspapiere.)

Untersuchungsmethode: Dieselbe wie bei Charta exploratoria, nur wird gleichzeitig auf die Empfindlichkeit gegen Säuren und Alkalien geprüft.

Untersuchungsresultate:

Charta exploratoria	Nr.	Empfindlichkeit gegen NH_3	Empfindlichkeit gegen SO_3
Lackmuspapier, neutral			
auf Filtrierpapier, in Bogen	1	1 : 80000	1 : 100000
„ „ „ „	2	1 : 100000	1 : 100000
„ „ „ „	3	1 : 80000	1 : 100000
„ Postpapier, einseitig, in Bogen	1	1 : 100000	1 : 100000
„ „ „ „ „	2	1 : 100000	1 : 80000
„ „ zweiseitig, „ „	1	1 : 80000	1 : 10000
„ „ „ „ „	2	1 : 100000	1 : 100000

Duplitest
Wortmarke und D. R.-P. Nr. 123 666.

Lackmuspapier, rot und blau nebeneinander			
auf Postpapier, einseit., in Bandform	1	1 : 40000	1 : 50000
„ „ „ „ Bogen	1	1 : 30000	1 : 40000

Als Ersatz des neutralen Lackmuspapieres verwendbar, da auf Alkalien und Säuren reagierend, kann aber nicht so hoch empfindlich hergestellt werden.

Charta sinapisata.

(Senfpapier.)

Untersuchungsmethode: siehe Helfenberger Annalen 1897, S. 367, 368, die Senfölbestimmung nach der modifizierten E. Dieterich'schen Methode wie unter Semen Sinapis angegeben, oder nach dem D. A. IV.

Untersuchungsresultate:

Charta sinapisata	Nr.	g Senf-mehl auf 100☐cm	% Senföl auf Mehl berechnet, titriert	Berechnung nach dem D. A. IV. g Senföl auf 100 ☐cm (mindestens 0,011898 g)
Mit feinem Senf-mehl bereitet	1	2,285	0,997	0,022796
„	2	2,385	0,52	0,012390
„	3	2,291	—	—
„	4	2,417	0,942 1,100 (gewogen)	0,022804
„	5	2,331	1,10 1,11 (gewogen)	0,021222 —
„	6	2,386	0,85	0,023257
„	7	2,150	0,61 0,63 (gewogen)	0,015370 0,016210
„	8	2,45	0,00 0,00 (gewogen)	0,025100 0,025800
„	9	2,80	0,90 0,93 (gewogen)	0,025280 0,026160
„	10	2.55	0,66	0,016860
„	11*	1,733	0,858	0,019207
„	12*	2,055	0,916	0,024461
Mit grobem Senf-mehl bereitet	1	2,321	0,812	0,018830
„	2	2,741	1,04 1,11 (gewogen)	0,018080 —
„	3	2,000	0,69 0,717 (gewogen)	0,013880 0,014350
„	4	1,700	0,902 —	0,015800 0,016400

*) Senfmehl auf einem Senfplaster von 77 ☐cm Fläche.

Eigone.

Jod- und Bromeigone.

(Jod- und bromwasserstoffsaure Eiweisskörper.)

Untersuchungsmethode: nach K. Dieterich, siehe Helfenberger Annalen 1900, S. 253 und 254, Jod- und Bromgehalt siehe Helfenberger Annalen 1901, S. 163 u. 164.

Untersuchungsresultate:

Von den vom Herausgeber dieser Annalen in den Arzneischatz eingeführten Jod-Eigonen kamen nur Durchschnittsmuster zur Untersuchung.

Die erhaltenen Resultate waren folgende:

Jod-Eigon, Albumen jodatum ca. 20 % J.

I. 3,38 % Feuchtigkeit	II. 2,86 % Asche
7,39 % Asche	21,18 % Jod.
19,64 % Jod.	

Jod-Eigon-Natrium, Natrium jodoalbuminatum ca. 15 % J.

I. 2,46 % Feuchtigkeit	II. 16,37 % Asche
27,08 % Asche	16,47 % Jod.
17,50 % Jod.	

Pepto-Jod-Eigon, Peptonum jodatum ca. 15 % J.

1,54 % Asche

14,98 % Jod

Pepto-Brom-Eigon, Peptonum bromatum ca. 11 % Br.

1,10 % Asche

9,34 % Brom.

Emplastra.

(Pflaster.)

Untersuchungsmethode: siehe Helfenberger Annalen 1897, S. 368.

Untersuchungsresultate:

Emplastrum	Nr.	% Verlust bei 100° C.
adhaesivum mite in bacillis	1	3,45
„ „ „ „	2	4,40
„ „ „ „	3	3,00
Cerussae D. A. IV. „ „	1	2,90
Lithargyri simplex D. A. IV. in massa	1	3,20
„ „ „ „ „	2	3,00
„ „ „ „ „	3	3,45
„ „ „ „ bacillis	1	4,55
„ „ „ „ „	2	4,80
„ „ „ „ „	3	4,70
„ compositum D. A. IV. „ massa	1	3,05
„ „ „ „ „	2	3,20
„ „ „ „ „	3	3,00
„ „ „ „ bacillis	1	4,80
„ „ „ „ „	2	4,50
saponatum album D. A. IV. „ „	1	6,20
„ „ „ „ „	2	6,75

Extracta.

Extracta fluida.

(Fluidextrakte.)

Untersuchungsmethode: siehe Helfenberger Annalen 1897, S. 368, 369, 370 und nach dem D. A. IV.

Untersuchungsresultate:

Extractum — fluidum	Nr.	Spez. Gew. bei 15⁰ C.	% Trocken- rückstand b. 100⁰ C.	% Asche	Besondere Bestim- mungen	Kapillar- Analyse nach Kunz- Krause
Cascarae Sagradae examaratum	1	1,025	18,77	1,39	—	normal
					% Hydrastin	
Hydrastis D. A. IV.	1	0,993	17,48	0,49	2,36	,,
,, ,,	2	0,991	18,92	0,56	2,21	,,
Secalis cornuti D. A. IV.	1	1,053	15,15	—	—	,,

Extracta solida.

(Dauerextrakte.)

Untersuchungsmethode:

Bestimmung:

a) des Wassergehaltes $\Big\}$ nach bekannten Methoden.
b) der Asche

c) der Löslichkeit in Wasser im Verhältnis $1 + 99$.
d) der Identität.

Untersuchungsresultate:

Extractum — solidum	Nr.	% Feuchtig-keit	% Asche	Geschmacksprüfung, Löslichkeit in Wasser
Chinae	1	5,54	1,41	norm. trübe, auf HCl Zus. klar
„	2	6,96	1,39	„ „ „
Digitalis	1	6,02	6,00	„ klar
Ipecacuanhae	1	3,31	0,60	„ „
„	2	3,84	0,71	„ „
„	3	4,04	0,66	„ „
Senegae	1	5,64	1,54	„ „
„	2	6,00	1,68	„ „
„	3	5,92	1,40	„ „
Sennae	1	3,00	5,01	„ „
Uvae Ursi	1	5,11	2,98	„ „

Bei den meisten der zur Untersuchung gekommenen Dauer-extrakte wurde nur die Identität durch Geschmack und die Löslichkeit in Wasser bestimmt.

Extracta spissa et sicca.

(Dicke und trockene Extrakte.)

Untersuchungsmethode: siehe Helfenberger Annalen 1897, S. 371—374 und nach dem D. A. IV. (Bei Extr. Opii verfahren wir nach E. Dieterich, titrieren jedoch das gewichtsanalytisch gewonnene Morphin nach dem D. A. IV. in einem zweiten Versuch.)

Untersuchungsresultate:

Extractum	Nr.	% Feuchtigkeit	% Asche	Besondere Bestimmungen
Absinthii D. A. IV.	1	30,96	16,25	E. d. A. d. D. A. IV.
„ „	2*	38,06	15,96	„ bis auf den zu hohen Feuchtigkeitsgehalt (Konsistenz sehr dünn).
Aloës D. A. IV.	1	4,23	2,08	E. d. A. d. D. A. IV.
Aurantii corticis Ph. G. I.	1	20,18	3,92	„
„ „ „	2	19,32	3,82	„
„ „ „	3	17,59	3,38	„
„ „ „	4	21,44	3,95	„
„ „ „	5	24,57	3,68	„
Belladonnae spissum D. A. IV.	1	13,00	20,21	1,635 % Alkaloid. E. s. d. A. d. D. A. IV.
„ „ „	2	12,94	24,51	1,68 % Alkaloid. E. s. d. A. d. D. A. IV.
„ „ „	3	17,31	24,73	1,17 % Alkaloid. E. s. d. A. d. D. A. IV.
„ „ „	4	13,80	26,13	1,65 % Alkaloid. E. s. d. A. d. D. A. IV.
„ „ „	5	17,12	22,75	1,62 % Alkaloid. E. s. d. A. d. D. A. IV.
„ „ Ph. Aust. VII.	1	18,47	16,20	2,25 % Alkaloid. E. s. d. A. d. Ph. A. VII.
„ „ „	2	13,98	13,54	2,45 % Alkaloid. E. s. d. A. d. Ph. A. VII.

Die mit * bezeichneten Extrakte sind zu beanstanden.

Extractum	Nr.	% Feuchtigkeit	% Asche	Besondere Bestimmungen
Belladonna spissum Ph. Finnl.	1	28,77	12,14	3,70—3,80 % Alkaloid. E. s. d. A. d. finnl. Pharmakopoe.
„　　　　„　　e radice	1	21,95	5,65	2,22 % Alkaloid.
Cannabis Indicae spirit. spiss. Ph. G. II.	1	13,99	1,70	E. s. d. A. d. Ph. G. II. War völlig löslich in 90 % Weingeist, in Äther sind 20,75 % davon unlöslich.
„　　　„　　„　　„	2	8,50	0,38	—
Cascarillae D. A. IV.	1	31,56	16,70	—
Chinae aquosum D. A. IV.	1	29,32	8,34	6,13 % Alkaloid. E. s. d. A. d. D. A. IV.
„　　　„　　　„	2*	26,93	9,45	4,20 % Alkaloid. E. nicht d. A. d. D. A. IV.
„　　　„　　　„	3*	24,57	11,49	2,73 % Alkaloid. E. nicht d. A. d. D. A. IV.
„　　　„　　　„	4	—	—	5,87 % Alkaloid.
Ferri pomati D. A. IV.	1	29,37	16,51	6,60 % Fe. E. s. d. A. d. D. A. IV.
„　　　„　　　„	2	30,61	—	6,05 % Fe. E. s. d. A. d. D. A. IV.
„　　　„　　　„	3	—	13,93	6,13 % Fe. E. s. d. A. d. D. A. IV.
„　　　„　　　„	4	28,18	13,80	6,19 % Fe. E. s. d. A. d. D. A. IV.
„　　　„　　　„	5	24,71	17,88	8,66 % Fe. E. s. d. A. d. D. A. IV.
„　　　„　　　„	6	27,17	20,72	8,17 % Fe. E. s. d. A. d. D. A. IV.
Filicis D. A. IV.	1	—	0,46	„
„　　　„	2	4,51	0,36	„
„　　　„	3	8,27	0,38	„
Gentianae D. A. IV.	1	24,11	5,30	„
„　　　„	2	23,46	3,79	„
„　　　„	3	17,54	7,34	„
Glandium maltosaccharatum	1	—	4,20	38,20—39,26 % Maltose

Die mit * bezeichneten Extrakte sind zu beanstanden.

Extractum	Nr.	% Feuchtigkeit	% Asche	Besondere Bestimmungen
Hyosycami spissum D. A. IV.	1	12,20	27,21	0,77—0,78 % Alkaloid. E. s. d. A. d. D. A. IV.
„ „ „	2	16,25	25,81	0,82 % Alkaloid. E. s. d. A. d. D. A. IV.
Liquiritiae radicis aquosum	1	30,73	5,63	20,83 % Glycyrrhizin.
Malti purum, dunkel	1	24,03	1,54	67,56 % Maltose.
„ „ „	2	24,84	1,02	52,56 % „
„ „ hell	1	25,09	1,15	54,80 % „
„ „ „	2	23,79	1,01	54,24 % „
„ „ „	3*	21,50	1,33	42,48 % „
„ „ „	4	20,48	1,38	54,02 % „
„ „ „	5	18,59	1,09	52,64 % „
„ „ „	6	21,17	1,08	56,52 % „
„ „ „	7	22,67	1,25	54,87 % „
„ „ „	8	24,65	1,45	55,23 % „
„ „ „	9	25,95	1,15	54,00 % „
„ „ „	10	25,08	1,11	53,53 % „
Quassiae siccum Ph. G. II.	1	4,20	21,36	—
Quillayae siccum	1	3,52	9,53	—
Rhei alcalinum	1	7,24	24,70	Löslichkeit normal.
„ „	2	8,40	24,32	„
„ siccum D. A. IV.	1	8,20	4,12	E. s. d. A. d. D. A. IV.
„ „ Ph. Aust. VII.	1	6,35	9,68	E. s. d. A. d. Ph. Aust. VII.
Rosarum	1	24,79	7,59	Klar löslich.
Secalis cornuti D. A. IV.	1	21,89	11,32	E. s. d. A. d. D. A. IV.
„ „ „	2	21,68	12,61	„
Strychni spissum Ph. Aust. VII.	1	12,92	2,86	19,83 % Alkaloid. E. s. d. A. d. Ph. Aust. IV.
„ „ „	2	21,21	7,01	15,15 % Alkaloid. E. s. d. A. d. Ph. Aust. IV.
Tamarindorum compositum	1	22,98	2,33	2,81 % Weinsäure.
„ „	2	19,19	2,63	3,18 % „
„ „	3	21,29	2,35	3,56 % „
„ „	4	20,88	2,31	2,80 % „
„ partim saturatum	1	21,76	10,19	7,95 % „
Taraxaci D. A. IV.	1	23,24	18,49	E. s. d. A. d. D. A. IV.
Trifolii fibrini D. A. IV.	1	21,52	19,96	„

Die mit * bezeichneten Extrakte sind zu beanstanden.

Über Extractum Filicis D. A. IV.

	Helfenberg	I	II
$\%$ Verlust bei 100° C.	4,51	2,96	3,09
$\%$ Asche	0,36	0,83	0,36
Verseifungszahl heiss	172,66	204,40	234,20
Jodzahl n. H.-W.	89,27	84,23	100,60
Löslichkeit in verschiedenen Lösungsmitteln und Prüfung nach dem D. A. IV.	Alle drei Extrakte zeigten gleiches Verhalten in der Löslichkeit und entsprachen dem D. A. IV.		

Über Extr. Malti „Helfenberg“.

Während wir für den gewöhnlichen Fabrikbetrieb im Malzextrakt nur die Feuchtigkeit und Asche und den Gehalt an Maltose ermitteln, haben wir im Berichtsjahre auf spezielle Anforderung sowohl unser helles als auch unser dunkles Malzextrakt einer genauen Analyse unterworfen und erlauben uns die erhaltenen Werte in folgender Tabelle übersichtlich nebeneinander zu stellen.

Ausgeführte Bestimmungen	helles	dunkles
	Malzextrakt	
$\%$ Feuchtigkeit	21,60	23,86
$\%$ Asche	1,037	1,038
$\%$ Gesamt-Maltose	56,60	59,76
$\%$ Dextrin	5,32	6,91
$\%$ Phosphorsäure (P_2O_5)	0,398	0,428
$\%$ Freie Säure als Milchsäure berechnet	0,845	0,900
qualitative Prüfung auf Salze	in der wässerigen Lösung waren Spuren von Chloriden u. Sulfaten nachweisbar	in der wässerigen Lösung waren Spuren von Chloriden u. Sulfaten nachweisbar

Zur Bestimmung der Alkaloide im Extractum Belladonnae und Hyoscyami.

Während des Berichtsjahres 1904 kamen einige oben genannter Extrakte zur Prüfung, unter denen sich auch solche befanden, die nach den Vorschriften der Finnländischen und Österreichischen Arzneibücher bereitet waren. Diese Extrakte sind spirituöse mit einem hohen Gehalt an Chlorophyll, von welchem die nach dem D. A. IV. bereiteten Extrakte frei sind.

Will man nun in diesen chlorophyllhaltigen Extrakten den Alkaloidgehalt nach dem D. A. IV. ermitteln, so läuft man Gefahr, ungenaue Resultate zu erhalten. Die alkaloidhaltigen Auszüge sind stets grün gefärbt und erschweren dadurch das Erkennen des Farbenumschlages, das scharfe Eintreten der Rosafärbung, bewirkt durch das als Indikator bei der Titration zugesetzte Jodeosin. Andererseits fallen im allgemeinen nach der Methode des D. A. IV. die Alkaloidwerte zu hoch aus, indem hiernach sowohl die flüchtigen Basen als auch Ammoniumsalze mittitriert werden; hierauf ist in neuerer Zeit vielfach hingewiesen worden. Ein Verfahren, welches sicherer den wahren Alkaloidgehalt erkennen lässt, ist das von Thoms[*] angegebene, welches sich in der Ausführung wie folgt gestaltet:

„2 g Extrakt werden in 50 g Wasser gelöst, mit 10 ccm 10 % H_2SO_4 versetzt und unter Umrühren mit 5 ccm Kaliumwismuthjodidlösung vermischt. Den Niederschlag bringt man auf ein trockenes Filter, wäscht ihn zweimal mit 5 ccm 10 % H_2SO_4 nach und bringt ihn nach dem Abtropfenlassen sodann samt Filter in einen weithalsigen, mit gut eingeriebenem Glasstopfen versehenen Schüttelcylinder. Man gibt 0,3 schwefligsaures Natron und 30 ccm 15 % Natronlauge hinzu und schüttelt um, versetzt rasch mit 15 g Kochsalz und 100 g

---

[*] Ber. d. D. Pharm. Gesellschaft 1903. S. 240 und Arb. a. d. Pharm. Instit. d. Univ. Berlin. Bd. I. S. 131.

Äther und lässt unter häufigem Umschütteln 3 Stunden stehen. Der Äther, welcher nunmehr die Alkaloide enthält, setzt sich gut ab, sodass bequem 50 ccm der ätherischen Lösung (entsprechend 1 g Extrakt) mit einer Pipette herausgenommen werden können. Diese 50 ccm Ätherlösung werden in üblicher Weise mit $\frac{n}{100}$ HCl unter Benutzung von Jodeosin als Indikator titriert und die gefundene Anzahl Kubikzentimeter mit dem Faktor 0,289 multipliziert. Man erhält so den Gehalt an Hyoscyamin, Atropin, Skopolamin und flüchtigen Alkaloiden in 100 g Extrakt."

Anlehnend an vorstehende Vorschrift verfuhren wir derart, dass wir 2 g des chlorophyllhaltigen Extraktes in Wasser lösten, vom ungelösten Chlorophyll abfiltrierten, das Chlorophyll solange mit Wasser nachwuschen, bis das Ablaufende farblos war. Diese Extraktlösung wurde mit Wasser auf 50 ccm aufgefüllt und weiter verfahren, wie vorstehend angegeben ist.

Die auf diese Weise erhaltenen Werte sind in nachstehender Tabelle aufgeführt. Sie liegen durchweg niedriger, als die nach dem D. A. IV. erhaltenen, was auch in der Arbeit von Thoms, über die Wertbestimmung narkotischer Extrakte, zu Tage tritt.

Extractum Belladonnae. Ph. Austr. VII.

Nach der D. A. IV.-Methode:	Nach der Kaliumwismuth-jodidmethode:
2,75 % Atropin	1,99 % Atropin
2,45 % „	1,82 % „

Extractum Belladonnae. Ph. Finnlandic.

Nach der D. A. IV.-Methode.	Nach der Kaliumwismuth-jodidmethode:
3,71 % Atropin	1) 2,84 % Atropin
	2) 2,91 % „

Extractum Hyoscyami. Ph. Austr. VII.

Nach der D. A. IV.-Methode.	Nach der Kaliumwismuth-jodidmethode:
1,08 % Atropin	0,953 %.

Wenn auch die Methode, wie schon von anderer Seite bemerkt, für die Zwecke eines Arzneibuches zu umständlich und daher ungeeignet erscheint, so ist dieselbe jedoch für wissenschaftliche Laboratorien nicht ausser acht zu lassen und dürfte besonders für die Untersuchung der trockenen Extrakte geeignet sein, bei denen die Methode des Arzneibuches bekanntlich völlig im Stich lässt.

Wir werden die trockenen Extrakte in diesem Jahre einmal nach dieser Methode untersuchen und in den nächstjährigen Annalen die Werte und eventuell dabei gemachte Beobachtungen etc. ausführlich mitteilen.

Ferrum, Ferro - Manganum et Manganum.

(Eisen-, Eisenmangan- und Manganpräparate.)

Untersuchungsmethode: siehe Helfenberger Annalen 1897, S. 375—377 und nach dem D. A. IV.

Untersuchungsresultate:

	Nr.	% Glüh- rück- stand	% Fe	% Mn	Spez. Gew. bei 15⁰ C.	% Tro- cken- rück- stand	Löslichkeit
Ferrum albuminatum oxydatum solubile ca. 20% Fe	1	30,78	21,30	—	—	—	normal
„	2	29,70	20,79	—	—	—	„
„	3	30,40	21,28	—	—	—	„
„	4	30,50	21,35	—	—	—	„
„	5	29,60	20,72	—	—	—	„
Ferrum albuminatum oxydatum cum Natrio citrico ca. 15% Fe	1	34,97	17,64	—	—	—	„
Ferrum carbonicum saccharatum Pharm. Austr. 15% Fe	1	24,66	16,51	—	—	—	„
Ferrum dextrinatum oxydatum ca. 20% Fe	1	34,08	20,70	—	—	—	unvollständig
„	2	32,40	21,14	—	—	—	„
do. ca. 10% Fe	1	17,29	11,48	—	—	—	normal
„	2	15,10	10,57	—	—	—	„
„	3	17,40	11,34	—	—	—	„
Ferrum saccharatum oxydatum D. A. IV.	1	4,60	3,13	—	—	—	„
Ferrum saccharatum oxydatum ca. 10% Fe	1	15,78	10,78	—	—	—	„
„	2	16,00	11,20	—	—	—	„
„	3	15,35	10,97	—	—	—	„

	Nr.	% Glüh-rück-stand	% Fe	% Mn	Spez. Gew. bei 15⁰ C.	% Tro-cken-rück-stand	Löslichkeit
Ferro-Manganum jodo-peptonatum ca. 15% Fe und 2,5% Mn	1	24,87	14,89	2,49	—	—	normal
Ferro-Manganum pep-tonatum siccum ca. 15% Fe und 2,5% Mn	1	24,70	14,84	2,52	—	—	„
„	2	23,97	16,03	3,09	—	—	„
„	3	25,00	15,40	2,70	—	—	„
„	4	23,93	14,82	2,40	—	—	„
Ferro-Manganum saccharatum ca. 10% Fe und 1,6% Mn	1	18,70	10,57	1,63	—	—	„
„	2	17,00	9,80	1,81	—	—	„
Ferro-Manganum saccharatum liquidum ca. 5% Fe und 0,8% Mn	1	10,43	5,11	0,81	1,3740	59,73	„
„	2	10,62	5,50	0,86	1,3720	66,92	„
„	3	11,65	5,83	0,74	1,3756	64,02	„
Manganum saccharatum oxydatum ca. 10% Mn	1	16,57	—	10,67	—	—	„

Hydrargyrum extinctum.

Quecksilber-Verreibuung.

Untersuchungsmethode: Wie bei Ungt. Hydrarg. cin., Helfenberger Annalen 1897, S. 390, und 1903, S. 292—293.

Untersuchungsresultate:

Nr.	% Hg	Maximalzahl μ
1	84,11	6,75
2	85,51	8,10
3	84,13	6,75
4	84,20	4,05
5	84,72	8,30
6	84,28	5,40
7	84,47	6,75
8	84,37	6,75
9	84,55	6,75
10	84,12	5,40
11	84,53	6,75
12	83,79	8,10

Beanstandet wurde ein Muster einer Quecksilber-Verreibung, welche uns zum Kauf angeboten wurde. Die Verreibung war eine so mangelhafte, dass mit unbewaffnetem Auge massenhaft Quecksilber-Kügelchen zu sehen waren.

Der Quecksilbergehalt betrug auch nur 82,87—82,88 % anstatt des verlangten Mindestgehaltes von 83,25 %.

Lanolimentum Hydrargyri cinereum $33^1/_3$ et 50%.

Graues Quecksilber-Lanoliment $33^1/_3$ u. 50%.

Untersuchungsmethode: Wie bei Unguentum Hydrargyri cin., siehe Helfenberger Annalen 1897, S. 390 und 1903, S. 292—293.

Untersuchungsresultate:

Von grauem Quecksilberlanoliment kam im Berichtsjahre nur eine Fabrikation der $33^1/_3$%igen Sorte zur Prüfung.

Dieselbe ergab 33,15% Hg und 5,40 als Maximalzahl μ.

Linteum sinapisatum.

(Senfleinwand.)

Untersuchungsmethode: Wie bei Charta sinapisata, siehe Helfenberger Annalen 1897, S. 367.

Die Senfölbestimmung nach der „modifizierten E. Dieterich'schen Methode" oder nach dem D. A. IV.

Untersuchungsresultate:

Mit feinem Senfmehl gestrichene Senfleinwand kam im Jahre 1904 ebenfalls nur einmal zur Untersuchung und befanden sich nach der Analyse auf 100□cm 2,23 g feines Senfmehl mit 0,015864 g oder 0,71 % aeth. Senföl auf Mehl berechnet.

Liquor Aluminii acetici.

Aluminiumacetatlösung.

Untersuchungsmethode: nach dem D. A. IV.

Untersuchungsresultate:

Nr.	Spez. Gew. bei 15⁰ C.	% $Al_2 O_3$	Bemerkungen
1	1,0460	2,87	Entsprach sonst den Anforderungen des D. A. IV.
2	1,0450	2,56	,,

In Bezug auf Herstellung und Haltbarkeit des Liq. Aluminii acetici sei auf die Pharm. Ztg. 1905 Nr. 33 verwiesen, wo ein Zusatz von Borsäure empfohlen wird. Wir haben hier früher viele Versuche mit Weinsteinsäure gemacht und auch haltbare Liquores erzielt; allerdings waren ziemlich hohe Prozentsätze nötig, um das Gelatinieren auszuschliessen. Ein dem D. A. IV. nicht entsprechender Zusatz von Weinsäure wie von Borsäure ist natürlich a priori unzulässig.

Liquores Ferri et Ferro-Mangani.

(Eisen- und Eisenmanganflüssigkeiten.)

Die chemisch-therapeutische Prüfung der Eisenpräparate.

Angeregt durch die Arbeit von Dr. med. H. Schade, Kiel: „Die elektro-katalytische Kraft der Metalle", in der ebenso wie den reinen Metallen auch den betreffenden Albuminaten katalytische Oxydationseffekte zugeschrieben werden, wurden die gleichen Versuche mit unseren Präparaten angestellt. Es wurden einige ccm alkoholische Guajakharzlösung mit Wasser bis zur milchigen Trübung versetzt, sodann das Eisenpräparat zugegeben und endlich, falls nicht dadurch schon Blaufärbung eintrat, noch etwas Terpentinöl hinzugefügt.

Es zeigte sich, dass unsere Präparate die Reaktion gaben mit Ausnahme von Liq. Ferri albuminati süss und Liq. Ferri dialysati, auch Liq. Ferri albuminati D. A. IV. gab die Reaktion nicht, ebenso wenig mit Hilfe von etwas Natronlauge frisch gelöstes Ferrum albuminatum oder Ferrum albuminat. cum. Natr. citrico.

Wurde jedoch Ferr. albuminat mit Hilfe von Salzsäure in Lösung gebracht, so färbte diese Lösung Guajaktinktur bereits ohne Terpentinöl. Auf die Intensität war es dabei ohne Einfluss, ob mit mehr oder weniger HCl, ob durch gelindes Erwärmen oder durch Kochen Lösung erzielt worden war. Es wurde einmal 1 g Ferr. alb. mit 20 Tropfen HCl in 50 ccm Wasser bei gelindem Erwärmen gelöst, ein zweitesmal 1 g mit 50 Tropfen HCl und 50 ccm Wasser einige Zeit gekocht, beide Lösungen in gleicher Weise verdünnt, zeigten keinerlei Unterschiede.

Um die katalytischen Kräfte vergleichen zu können, wurden die Eisenpräparate mit Wasser soweit verdünnt, dass 1 ccm dieser Verdünnung mit 10 gtt. Guajakharztinktur und eventuell 5 gtt. Terpentinöl noch gerade eine sofort sichtbare Blaufärbung verursachte.

Diese Verdünnung betrug bei: In dem zugesetzten 1 ccm Verdünnung sind enthalten:

Liq. Ferro-Mang. pept.	$0,6\%$ Fe $0,1\%$ Mn	1:100	$0,006\%$ Fe	$0,001\%$ Mn
Liq. Ferri pept. versüsst	$0,4\%$ Fe	1:80	$0,005\%$ Fe	—
Blutan ohne Kohlensäure	$0,6\%$ Fe $0,1\%$ Mn	1:100	$0,006\%$ Fe	$0,001\%$ Mn
do. mit „	$0,1\%$ Mn	1:100	$0,006\%$ Fe	$0,001\%$ Mn
Extr. Ferri pomat.	6% Fe	1:20000	$0,0003\%$ Fe	—
Liq. Ferri sesquichlorati ohne Terpentinöl	10% Fe	1:10000	$0,001\%$ Fe	—
do. mit Terpentinöl	10% Fe	1:60000	$0,00017\%$ Fe	—
Liq. Ferro-Mang. sacchar. ohne Terpentinöl	$0,6\%$ Fe $0,1\%$ Mn	1:300	$0,002\%$ Fe	$0,00033\%$ Mn

Terpentinöl hatte hier keinen merklichen Einfluss.

Ferrum albuminatum mit HCl gelöst ohne Terpentinöl	20% Fe	1:1000	$0,004\%$ Fe	—
do. mit Terpentinöl	20% Fe	1:10000	$0,0004\%$ Fe	—

Es ist interessant, dass Liq. Ferri sesquichlorati und Extr. Ferri pomati die Guajakreaktion am stärksten geben, also die therapeutisch besten Präparate in Bezug auf ihre katalytische Wirkung darstellen sollten. Dies steht aber eigentlich im Widerspruch mit der therapeutischen Erfahrung, denn die styptische Wirkung, besonders des Eisenchlorids, ist bekannt genug und lässt eine ausgedehnte, besonders längere Eisenkur für empfindliche Kranke nicht zu. Andererseits wissen wir, dass die „indifferenten" Eisenverbindungen im Sinne Eugen Dieterichs zwar die Guajakreaktion nicht so intensiv geben, scheinbar also katalytisch weniger wirksam sind und doch, wie die ausgedehnte Litteratur besagt, erfahrungsgemäss, wie alle Verbindungen des Eisens und Mangans mit Eiweiss, Zucker, Pepton u. s. w., viel wirksamer und auch für empfindliche Patienten bekömmlicher sind, als

Eisenchlorid u. s. w. Die milde, nicht styptische Wirkung, wie überhaupt die ausserordentliche Fähigkeit der Blutarmut entgegenzuwirken, tritt gerade bei den indifferenten Eisenverbindungen stark zu Tage. Man sieht hieraus, dass die Guajakreaktion und damit der Nachweis der katalytischen Wirkung nicht allein für den Wert eines Eisenpräparates massgebend ist, wenn man nicht annehmen will, dass die Guajakreaktion bei den indifferenten Eisenverbindungen vielleicht nicht so scharf eintritt infolge Maskierung der die Reaktion auslösenden Bestandteile.

Blutan.

Liquor Ferro-Mangani peptonati ohne Alkohol.

Acid-Albumin-Eisenmanganpeptonat-Lösung.

Untersuchungsmethode: Bestimmung des Trocken- und des Glührückstandes, eventuell des spez. Gewichtes, Eisens und Mangans nach bekannten Methoden.

Untersuchungsresultate:

Von dem neuesten von der hiesigen Fabrik unter dem Namen Blutan in den Handel gebrachten flüssigen Eisenpräparat untersuchten wir drei verschiedene Probe-Fabrikationen und erlauben uns nachstehend die tabellarisch aufgeführten Werte mitzuteilen.

Nr.	$\%$ Trockenrückstand bei 100° C.	$\%$ Glührückstand	$\%$ Fe	$\%$ Mn
1	13,68	1,04	0 61	0,11
2	14,04	1,15	0,65	0,11
3	13,32	1,05	0,61	0,11

Liquor Ferri albuminati D. A. IV.

(Eisenalbuminatlösung D. A. IV.)

Untersuchungsmethode: siehe Helfenberger Annalen 1897, S. 380 und nach dem D. A. IV.

Untersuchungsresultate:

Nr.	Spez. Gew. bei 15⁰ C.	% Trocken-rückstand bei 100⁰ C.	% Glührück-stand n. d. D. A. IV.	% Fe	Bemerkungen
1	0,9886	2,20	0,654	0,46	E. s. d. A. d. D. A. IV.
2	0,9890	1,96	0,620	0,43	„
3	0,9880	1,94	0,660	0,46	„

Liquor Ferri albuminati, klar, versüsst.

(Eisenalbuminatlösung, klar, versüsst.)

Untersuchungsmethode: siehe Helfenberger Annalen 1897, S. 380.

Untersuchungsresultate:

Nr.	Spez. Gew. bei 15⁰ C.	% Trocken-rück-stand b. 100⁰ C.	% Glüh-rück-stand	% Fe	Bemerkungen
1	1,0430	15,54	0,60	0,42	schwach alkalisch, klar, Geschmack normal.
2	1,0425	15,56	0,74	0,43	„
3	1,0418	15,77	0,78	—	„
4	1,0399	15,32	0,66	0,40	„
5	1,0424	16,32	0,77	0,42	„
6	1,0410	15,30	0,58	—	„
7	1,0420	15,08	0,76	0,45	„
8	1,0420	15,03	0,69	0,42	„
9	1,0430	15,40	0,77	—	„

Liquor Ferri dialysati.

(Dialysierte Eisenoxychloridlösung.)

Untersuchungsmethode: siehe Helfenberger Annalen 1897, S. 379 und 380 und nach dem D. A. IV.

Untersuchungsresultate:

Nr.	% HCl	% Fe	Spez. Gew. bei 15° C.
1	0,438	5,33	1,0731
2	0,80	5,78	—
3	0,69	5,45	—
4	0,657	5,63	1,0780
5	0,80	5,95	—
6	0,84	6,11	—
7	0,80	5,28	—
8	0,694	5,34	1,0748
9	0,80	5,61	—
10	0,72	5,22	—
11	0,54	5,06	—
12	0,69	4,91	—
13	0,803	5,36	1,0738
14	0,84	5,16	—
15	0,76	5,27	—
16	0,69	5,34	—
17	0,72	5,80	—
18	0,64	5,49	—
19	0,75	5,46	—
20	0,765	5,75	1,0890
21	0,76	5,25	—
22	0,62	5,03	—

Liquor Ferri peptonati dulcis.

(Eisenpeptonatlösung, versüsst.)

Untersuchungsmethode: siehe Helfenberger Annalen 1897, S. 381.

Untersuchungsresultate:

Nr.	Spez. Gew. bei 15° C.	% Trocken- rückstand b. 100° C.	% Glüh- rückstand	% Fe	Bemerkungen
1	1,0479	16,55	1,04	0,43	klar, schwach sauer, Geschmack normal
2	1,0468	16,15	1,05	—	„
3	1,0480	12,96	0,60	0,41	„
4	1,0470	14,25	0,59	0,42	„
5	1,0480	13,05	0,63	0,41	„
6	1,0484	14,04	0,61	—	„

Liquor Ferro-Mangani peptonati, unversüsst.

(Eisenmanganpeptonatlösung, unversüsst.)

Untersuchungsmethode: siehe Helfenberger Annalen 1897, S. 381.

Untersuchungsresultate:

Nr.	Spez. Gew. bei 15° C.	% Trocken- rückstand b. 100° C.	% Glüh- rück- stand	% Fe	% Mn	Bemerkungen
1	1,0156	5,87	1,032	—	—	klar, schwach sauer, Geschmack normal
2	1,0170	5,72	1,040	—	—	„
3	1,0172	6,50	—	—	—	„
4	1,0158	6,56	1,060	—	—	„
5	1,0172	6,10	1,042	0,64	0,15	„

Liquor Ferro-Mangani peptonati dulcis.

(Eisenmanganpeptonatlösung, versüsst.)

Untersuchungsmethode: siehe Helfenberger Annalen 1897, S. 381.

Untersuchungsresultate:

Nr.	Spez. Gew. bei 15° C.	% Trocken-rückstand bei 100° C.	% Glüh-rück-stand	% Fe	% Mn	Bemerkungen
1	1,0560	14,70	1,02	—	—	klar, Reaktion schwach sauer, Geschmack norm.
2	1,0550	13,71	0,99	—	—	„
3	1,0540	14,16	1,02	—	—	„
4	1,0540	14,88	1,02	—	—	„
5	1,0550	13,14	1,02	—	—	„
6	1,0540	13,43	0,99	—	—	„
7	1,0550	13,45	1,02	—	—	„
8	1,0560	14,29	0,99	—	—	„
9	1,0550	—	1,03	0,58	0,13	„
10	1,0557	14,63	1,12	0,58	0,16	„
11	1,0563	14,01	1,06	—	—	„
12	1,0552	16,02	1,06	—	—	„
13	1,0553	16,50	1,11	—	—	„
14	1,0543	13,93	1,02	—	—	„
15	1,0524	13,87	1,05	—	—	„
16	1,0539	14,56	1,12	—	—	„
17	1,0554	14,10	1,07	—	—	„
18	1,0560	14,25	1,03	—	—	„
19	1,0569	14,22	1,07	—	—	„
20	1,0539	13,00	1,01	—	—	„
21	1,0559	15,00	1,09	—	—	„
22	1,0559	14,51	1,06	—	—	„
23	1,0558	14,34	1,06	—	—	„
24	1,0539	15,29	1,04	—	—	„
25	1,0560	12,99	0,98	—	—	„
26	1,0570	15,70	1,03	—	—	„
27	1,0550	15,10	1,02	—	—	„
28	1,0540	14,64	1,05	—	—	„

Nr.	Spez. Gew. bei 15° C.	% Trocken-rückstand b. 100° C.	% Glüh-rück-stand	% Fe	% Mn	Bemerkungen
29	1,0550	15,89	1,03	—	—	klar, Reaktion schwach sauer, Geschmack norm.
30	1,0560	13,54	1,01	—	—	„
31	1,0540	—	1,02	—	—	„
32	1,0550	15,07	1,03	—	—	„
33	1,0540	14,47	1,03	—	—	„
34	1,0540	13,48	1,02	—	—	„
35	1,0550	13,90	1,00	—	—	„
36	1,0550	13,70	1,02	—	—	„
37	1,0550	13,61	1,02	—	—	„
38	1,0560	14,06	0,98	—	—	„
39	1,0550	13,97	1,01	—	—	„
40	1,0560	13,50	1,01	—	—	„
41	1,0550	13,70	1,02	—	—	„
42	1,0550	13,27	1,03	0,58	0,13	„
43	1,0555	13,29	1,01	—	—	„
44	1,0549	16,80	1,05	—	—	„
45	1,0559	16,24	1,05	—	—	„
46	1,0546	15,50	1,07	0,62	0,19	„
47	1,0546	16,43	1,08	—	—	„
48	1,0552	13,53	1,01	—	—	„
49	1,0553	17,70	1,01	—	—	„
50	1,0549	14,71	1,10	0,64	0,16	„
51	1,0563	15,48	1,05	—	—	„
52	1,0565	14,54	1,07	—	—	„
53	1,0563	14,10	0,98	—	—	„
54	1,0557	15,09	1,06	0,61	0,12	„

Liquor Ferro-Mangani peptonati dulcis.

Handelsmarke G. u. H. in N.

Spez. Gew. bei 15⁰ C. 1,0349
„   „   des Destillates bei 15⁰ C. . 0,9780
g Alkohol in 100 ccm 14,39
% Trockenrückstand . . . . . . 12,01—12,33
% Glührückstand 0,978
% Eisen . . . . 0,65—0,66
% Mangan . . . . 0,101—0,133
Der Geschmack war nicht sehr angenehm.

Guderin

für Krankenkassen.   A. Gude, Chem. Fabrik, Berlin NO.

Die Untersuchung dieses Eisenliquors ergab folgende Resultate:

Spez. Gew. bei 15⁰ C. 1,0189
% Trockenrückstand . . . . . 8,99—9,02
% Glührückstand . . . . 0,77—0,78
% Fe . . . . 0,43—0,44
% Mn 0,102
g Alkohol in 100 ccm 14,39
Spez. Gewicht des Destillates bei
      15⁰ C. 0,978

Das Destillat reagiert stark alkalisch.

Der Liquor reagiert ebenfalls alkalisch, auf Zusatz von Natronlauge und nachheriges Erwärmen entwickelt sich Ammoniak.

Der Geschmack dieses Eisenpräparates war, durch seine starke Alkalität begründet, wenig angenehm.

Liquor Ferro-Mangani peptonati dulcis triplex.

(Dreifache versüsste Eisenmanganpeptonatlösung.)

Untersuchungsmethode: Genau wie Liquor Ferro-Mangani peptonati simplex. Die Verdünnung 10 Teile Liquor $+$ 16 Teile Wasser $+$ 4 Teile Spiritus von 90% muss das spez. Gew. und die Eigenschaften des einfachen Liquors zeigen.

Untersuchungsresultate:

Nr.	Spez. Gew. bei 15° C.	Spez. Gew. bei 15° C. (Verdünnung)	% Trockenrückstand bei 100° C.	% Glührückstand	% Fe	% Mn	Bemerkungen
1	1,2500	1,0570	40,85	3,05	—	—	Die Verdünnung war klar, v. schwach saur. Reaktion und normalem Geschmack
2	1,2440	1,0520	40,84	3,20	—	—	,,
3	1,2450	1,0510	39,05	3,11	—	—	,,
4	1,2450	1,0510	40,81	3,03	—	—	,.
5	1,2475	1,0530	40,89	3,25	—	—	.,
6	1,2418	1,0519	40,21	3,00	—	—	.,
7	1,2480	1,0525	40,95	3,33	—	—	.,
8	1,2410	1,0485	43,27	3,12	—	—	.,
9	1,2449	1,0498	44,52	3,22	—	0,38	.,
10	1,2487	1,0513	45,66	3,22	1,86	0,35	.,
11	1,2480	1,0525	40,95	3,33	1,77	0,38	.,
12	1,2435	1,0489	44,02	3,26	—	—	,,
13	1,2458	1,0486	38,45	3,12	—	–	,,
14	1,2445	1,0479	44,01	3,02	—	—	.,
15	1,2367	1,0459	38,47	2,98	—	—	.,
16	1,2413	1,0491	40,55	3,01	—	—	.,
17	1,2397	1,0385	42,80	3,37	—	—	.,
18	1,2427	—	35,74	2,95	—	—	.,
19	1,2435	—	40,78	3,08	—	—	.,
20	1,2470	1,0490	43,04	3,21	—	—	.,
21	1,2449	—	43,04	3,18	—	—	.,
22	1,2405	—	43,19	3,06	—	—	.,
23	1,2438	1,0489	40,88	3,20	—	—	..
24	1,2410	1,0478	39,44	2,75	—	—	.,
25	1,2400	1,0510	40,74	3,02	—	—	.,

Nr.	Spez. Gew. bei 15⁰ C.	Spez. Gew. bei 15⁰ C. (Verdünnung)	% Trockenrückstand bei 100⁰ C.	% Glührückstand	% Fe	% Mn	Bemerkungen
26	1,2410	1,0500	41,68	3,04	—	—	Die Verdünnung war klar, v. schwach saur. Reaktion und normalem Geschmack
27	1,2400	1,0500	42,27	3,02	—	—	,,
28	1,2440	1,0483	44,66	3,24	—	—	,,
29	1,2420	1,0550	38,40	3,06	—	—	,,
30	1,2420	1,0530	39,45	3,04	—	—	,,
31	1,2420	1,0550	40,32	3,04	—	—	,,

Beanstandet wurde:

1	1,2370	—	42,25	2,66	—	—	,,

Liquor-Ferro-Mangani saccharati.

(Eisenmangansaccharatlösung.)

Untersuchungsmethode: siehe Helfenberger Annalen 1897, S. 381 und 382.

Untersuchungsresultate:

Nr.	Spez. Gew. bei 15°C.	% Trockenrückstand bei 100°C.	% Glührückstand	% Fe	% Mn	Bemerkungen
1	1,0662	18,52	1,45	—	—	klar, Reaktion schwach alkalisch, Geschmack normal
2	1,0670	19,20	1,35	—	—	„
3	1,0660	19,19	1,28	—	—	„
4	1,0670	19,02	1,28	—	—	„
5	1,0660	19,08	1,25	—	—	„
6	1,0660	19,06	1,02	—	—	„
7	1,0670	19,11	1,20	—	—	„
8	1,0660	19,09	1,21	—	—	„
9	1,0657	21,24	1,15	0,82	0,16	„
10	1,0656	19,42	1,29	0,69	—	„
11	1,0662	19,20	1,50	—	—	„
12	1,0676	19,43	1,43	—	—	„
13	1,0689	19,14	1,55	—	—	„
14	1,0641	19,10	1,31	—	—	„
15	1,0659	18,98	1,22	—	—	„
16	1,0667	18,94	1,38	—	—	„
17	1,0647	19,28	1,33	—	—	„
18	1,0663	19,36	1,37	—	—	„
19	1,0682	19,31	1,35	0,64	0,16	„
20	1,0679	20,03	1,34	—	—	„
21	1,0675	20,00	1,38	—	—	„
22	1,0658	19,94	1,38	—	—	„
23	1,0670	20,61	1,42	—	—	„
24	1,0667	19,09	1,32	—	—	„
25	1,0642	19,72	1,47	—	—	„
26	1,0640	18,34	1,21	—	—	„
27	1,0660	18,95	1,29	—	—	„
28	1,0660	19,07	1,28	—	—	„
29	1,0665	19,20	1,29	—	—	„
30	1,0660	19,01	1,29	—	—	„

Nr.	Spez. Gew. bei 15° C.	% Trocken-rückstand bei 100° C.	% Glüh-rück-stand	% Fe	% Mn	Bemerkungen
31	1,0650	18,97	1,25	—	—	klar, Reaktion schwach alkalisch, Geschmack normal
32	1,0650	18,97	1,27	—	—	„
33	1,0650	19,14	1,28	—	—	„
34	1,0665	19,25	1,41	—	—	„
35	1,0660	19,19	1,30	—	—	„
36	1,0630	18,31	1,29	—	—	„
37	1,0650	18,90	1,28	—	—	„
38	1,0650	19,51	1,31	—	—	„
39	1,0650	19,26	1,02	—	—	„
40	1,0660	19,02	1,32	—	—	„
41	1,0660	19,23	1,41	—	—	„
42	1,0670	19,45	1,36			„
43	1,0650	19,90	1,44	—	—	„
44	1,0660	20,35	1,23	—	—	„
45	1,0641	19,35	1,37	—	—	„
46	1,0651	19,01	1,33	—	—	„
47	1,0670	19,55	1,38	—	--	„
48	1,0667	18,19	1,54	0,704	0,105	„
49	1,0659	19,27	1,36	—	—	„
50	1,0657	19,49	1,37	—	—	„
51	1,0653	19,16	1,37	—	—	„
52	1,0659	21,09	1,42	—	—	„
53	1,0645	19,17	1,17	—	—	„
54	1,0667	19,49	1,24	--	—	„
55	1,0656	19,59	1,08	—	—	„
56	1,0638	19,08	1,33	—	—	„
57	1,0554	19,45	1,52	—	—	„

Liquor Ferro-Mangani saccharati

von B. Nake, Riesa a. d. E., in Originalpackung und lose.

Spez. Gew. bei 15^0 C. 1,065
„   „   des Destillates bei 15^0 C. . 0,983
g Alkohol in 100 ccm 10,52
Vol. % Alkohol 13,25
% Trockenrückstand . . . . 19,46—19,50
% Glührückstand . . . . 0,47—0,47
% Eisen 0,27
% Mangan 0,06

Beide Packungen, sowohl die Originalpackung als auch die lose Aufmachung, zeigten Liquor von genau derselben Zusammensetzung.

Liquor Ferro-Mangani saccharati.

Handelsmarke G. u. H. in N.

Spez. Gew. bei 15^0 C. 1,0364
„   „   des Destillates bei 15^0 C. . 0,9835
g Alkohol in 100 ccm 10,52
% Trockenrückstand . . . . . . 13,23—13,36
% Glührückstand 1,188
% Eisen 0,602
% Mangan 0,091

Der Geschmack war nicht sehr angenehm.

Haematonicum.

Nähr- und Kräftigungsmittel für Erwachsene und Kinder
von B. Nake, Riesa a. d. E.

Spez. Gew. bei 15⁰ C. 1,065
„   „   des Destillates bei 15⁰ C. . 0,983
g Alkohol in 100 ccm 10,52
Vol. % Alkohol 13,25
% Trockenrückstand 19,56
% Glührückstand 0,44
% Eisen 0,25
% Mangan 0,05

Das Haematonicum stellt eine aromatisierte dünne Eisen-
Mangansaccharatlösung dar, welche vollständig identisch ist
mit dem vorher von derselben Firma untersuchten Liq.
Ferro-Mangani saccharati.

Der obige Liquor wurde in den Anpreisungen als besonders billig und als gleichwertig mit dem Helfenberger
Liquor und anderen Eisenpräparaten hingestellt. Dass das
Haematonicum als ein mit der Hälfte Wasser verdünnter
Saccharatliquor billiger sein kann, liegt für jeden klar zu
Tage. Dass aber das Nakesche Präparat mit nur der Hälfte
wirksamer Substanz (0,3% Fe und 0,06% Mn zu 0,6% Fe
und 0,1% Mn im echten Helfenberger Liquor) gleichwertig
sein sollte, das war doch eine Behauptung, die nicht unwider-
sprochen bleiben konnte. Die ganze Haematonicum-Angelegen-
heit hat sich als unlauterer Wettbewerb selbst gerichtet und
Kassen und Ärzte sind über das „gleichwertige" Präparat
aufgeklärt worden. Wir veröffentlichen die Analysen, die
auch vom Gerichtschemiker Dr. Hefelmann gleichzeitig ausgeführt wurden, um zu zeigen, wie ein Apothekenbesitzer
seinen eignen Stand mit derartigen Manipulationen im An-
sehen schädigen kann.

Liquor Ferro - Mangani saccharati triplex.

(Dreifache Eisenmangansaccharatlösung.)

Untersuchungsmethode: Genau wie Liquor Ferro-Mangani saccharati simplex. Die Verdünnung 10 Teile Liquor + 16 Teile Wasser + 4 Teile Spiritus von 90 % muss das spezifische Gewicht und die Eigenschaften des einfachen Liquors zeigen.

Untersuchungsresultate:

Nr.	Spez. Gew. b. 15⁰ C.	Spez. Gew. b. 15⁰ C. (Verdünnung)	% Trockenrückstand b. 100⁰ C.	% Glührückstand	Bemerkungen
1	1,2978	1,0628	58,75	4,16	Die Verdünnung war klar, von schwach alkalischer Reaktion und normalem Geschmack
2	1,3079	1,0651	59,04	4,36	„
3	1,2990	1,0615	56,89	3,97	„
4	1,3022	1,0620	57,38	3,87	„
5	1,2970	1,0615	57,55	3,82	„
6	1,2820	1,0650	54,80	3,68	„
7	1,2970	1,0650	57,48	3,05	„
8	1,2990	1,0640	56,90	3,92	„
9	1,2930	1,0640	56,99	4,46	„

Liquor Kalii arsenicosi.

(Fowler'sche Lösung.)

Untersuchungsresultate:

Nr.	10 ccm = x ccm $\frac{n}{10}$ J-Lsg.	Bemerkungen
1	20,16	Entsprach auch sonst den Anford. des D. A IV.
2	20,06	„

Mel depuratum.

(Gereinigter Honig.)

Untersuchungsmethode: siehe Helfenberger Annalen 1897, S. 344 und nach dem D. A. IV.

Untersuchungsresultate:

Nr.	Spez. Gew. bei 15⁰ C.	S.-Z. von 10 g	Polarisation der Lösung (1+2)	% Asche	Bemerkungen
1	1,3650	8,96	—8,3	0,21	Weingeistprüfung wird nicht gut gehalten. E. s. d. A. d. D. A. IV.
2	1,3300	11,20	—9,7	0,17	M. Silbernitrat u. Weingeist schwache Opaleszenz. E. s. d. A. d. D. A. IV.
3	1,3550	8,40	—7,0	0,13	Weingeistprüf. gibt sofort schwache Opaleszenz. E. s. d. A. d. D. A. IV.
4	1,3640	10,64	—6,75	0,14	Mit Weingeist ziemlich starke Trübung. E. s. d. A. d. D. A. IV.

Beanstandet wurde:

Nr.	Spez. Gew. bei 15⁰ C.	S.-Z. von 10 g	Polarisation der Lösung (1+2)	% Asche	Bemerkungen
1	1,360	7,84	—	0,24	Weingeist gibt starke Trübung. E. nicht d. A. d. D. A. IV.

Oxymel Scillae.

(Meerzwiebelhonig.)

Untersuchungsmethode: siehe Helfenberger Annalen 1897, S. 382 und nach dem D. A. IV.

Untersuchungsresultate:

Oxymel Scillae	Nr.	% Essigsäure	Bemerkungen
decemplex	1	8,34	Die Verdünnung mit 9 Teilen Mel depuratum war klar, gelblichbraun und entsprach den Anforderungen des D. A. IV. an Meerzwiebelhonig.
„	2	9,60	
simplex D. A. IV.	1	0,96	Entsprach auch sonst den Anforderungen des D. A. IV.
„	2	1,08	„
„	3	1,15	„

Pastae.

(Pasten.)

Untersuchungsmethode: siehe Helfenberger Annalen 1897, S. 396.

Untersuchungsresultate:

Pasta	Nr.	Maximalzahl μ	Bemerkungen
salicylica cum Vaselina alba (Pasta Zinci Lassar)	1	2,70—21,60	mit 1,5 % Acid. salicylic.
„	2	4,05—27,00	„
„	3	1,35—35,10	„
„	4	2,70—31,05	„
„	5	4,05—27,00	„
salicylica cum Vaselina flava (Pasta Zinci Lassar)	1	4,05—21,60	„
„	2	5,40—31,05	„
„	3	4,05—33,75	„
„	4	2,70—29,70	„
„	5	2,70—20,25	„
„	6	8,10—31,05	„
„	7	4,05—33,75	„
„	8	6,75—31,05	„
salicylica Form. mag. Berol.	1	2,70—20,25	mit 2 % Acid. salicylic.
„	2	4,05—18,90	„
„	3	6,75—32,40	„
„	4	5,40—24,30	„
„	5	1,35—29,70	„
Zinci Form. mag. Berol.	1	2,70—24,30	mit 25 % Zinc. oxydat.
„	2	5,40—17,55	„
„	3	4,05—31,05	„
„	4	6,75—35,10	„
„	5	2,70—21,60	„
„	6	2,70—27,00	„
Zinci Unna	1	1,35—31,05	mit 20 % Zinc. oxydat.
„	2	2,70—21,60	„
„	3	4,05—27,00	„
„	4	5,40 - 31,05	„

Pulpa Tamarindorum depurata.

(Gereinigtes Tamarindenmus.)

Untersuchungsmethode: siehe Helfenberger Annalen 1897, S. 383 und nach dem D. A. IV.

Untersuchungsresultate:

Nr.	% Feuchtigkeit	% Asche	% Cellulose	% Weinsäure	% Invertzucker	Bemerkungen
A) Pulpa Tamarindorum depurata D. A. IV.						
1	33,64	2,41	—	12,74	49,04	Entsprach auch sonst dem D. A. IV.
2	34,17	2,48	2,40	13,50	48,20	„
3	37,52	2,38	2,64	13,12	46,00	„
4	40,17	1,76	3,20	9,00	39,75	„
5	34,22	1,90	3,08	13,12	38,80	„
B) Pulpa Tamarindorum depurata concentrata.						
1	15,82	2,42	4,25	12,75	65,64	Die Verdünnung entsprach auch sonst dem D. A. IV.
2	23,65	2,42	3,96	13,12	54,88	„

Beanstandet wurden:

A) Pulpa Tamarindorum depurata D. A. IV.

Nr.	% Feuchtigkeit	% Asche	% Cellulose	% Weinsäure	% Invertzucker	Bemerkungen
1	43,57	2,47	3,60	11,62	44,76	Entsprach sonst dem D. A. IV.

B) Pulpa Tamarindorum depurata concentrata.

Nr.	% Feuchtigkeit	% Asche	% Cellulose	% Weinsäure	% Invertzucker	Bemerkungen
1	28,47	2,46	—	12,75	56,10	Die Verdünnung entsprach sonst d. D. A. IV.

Die nur wegen ihres hohen Wassergehaltes beanstandeten Fabrikationen von Tamarindenmus wurden durch weiteres Abdampfen auf den normalen Feuchtigkeitsgehalt gebracht.

Pulveres.

(Pulver.)

Untersuchungsmethode: siehe Helfenberger Annalen 1897,
S. 384.

Untersuchungsresultate:

Pulvis—subtilis	Nr.	% Verlust bei 100⁰ C.	% Asche	Maximalzahl μ
florum Chrysanthemi	1	8,81	6,35	162,00
radicis Rhei sinensis	1	6,40	7,30	156,00

Sapones.

(Seifen.)

Untersuchungsmethode: siehe Helfenberger Annalen 1897,
S. 385—386 und nach dem D. A. IV.

Untersuchungsresultate:

Sapo	Nr.	% Gesamt-alkali*	Bemerkungen		
kalinus ad spiritum saponatum	1	0,443	Reaktion alkalisch,	Löslichkeit normal.	
„	2	0,45	„	„	
„	3	0,56	„	„	

Beanstandet wurde:

Sapo	Nr.	% Gesamt-alkali*	Bemerkungen		
kalinus ad spiritum saponatum	1	1,32	Reaktion alkalisch,	Löslichkeit normal.	
kalinus D. A. IV.	1	0,28	Reaktion schwach alkalisch,	Löslichkeit normal.	E. s. d. A. d. D. A. IV.
„	2	0,22	„	„	„
„	3	0,14	„	„	„

Beanstandet wurde:

Sapo	Nr.	% Gesamt-alkali*	Bemerkungen		
kalinus D. A. IV.	1	—	Reaktion stark sauer, auf 1 kg Seife fehlten noch 0,784 g KOH, den Anforderungen des D.A.IV. nicht entsprechend.		
medicatus D. A. IV.	1	0,17	neutral,	Löslichkeit normal.	E. d. A. d. D. A. IV.
„	2	0,112	„	„	„
„	3	0,448	ganz schwach alkalisch	„	„
„	4	0,33	neutral	„	„
„	5	0,22	„	„	„

Sapo	Nr.	% Gesamt-alkali*	Bemerkungen	
Beanstandet wurden:				
medicatus D. A. IV.	1	reagiert sauer	$1,0 = 1,0$ ccm $\frac{n}{10}$ KOH.	Löslichkeit normal.
„	2	„	$1,0 = 3,2$ „ $\frac{n}{10}$ „	„
„	3	„	$1,0 = 0,2$ „ $\frac{n}{10}$	„
oleïnicus ad spiritum saponatum	1	0,84	Reaktion alkalisch,	Löslichkeit normal.
„	2	0,75	„	„
„	3	0,17	„	„
„	4	0,33	„	„
„	5	1,03	„	„
„	6	0,64	„	„
„	7	0,49	„	„
„	8	0,98	„	„
„	9	0,84	„	„
Beanstandet wurden:				
oleïnicus ad spiritum saponatum	1	1,84	Reaktion alkalisch,	Löslichkeit normal.
„	2	1,17	„	„
stearinicus	1	0,84	Reaktion alkalisch,	Suppositorien, Opodeldok u. Löslichkeit normal.
„	2	0,42	„	„
„	3	1,40	„	„
Beanstandet wurden:				
stearinicus	1	reagiert sauer	$1,0 = 0,8$ ccm $\frac{n}{10}$ KOH.	
„	2	„	$1,0 = 0,7$ „ $\frac{n}{10}$ „	
„	3	2,37	Enthielt zuviel Gesamtalkali.	
unguinosus, Mollin	1	fast neutral 0,056	War sonst von normaler Beschaffenheit.	

*) Vergl. Helfenberger Annalen 1901, S. 197, Anmerkung unten.

Sapo mercurialis unguinosus.

(Quecksilber-Salbenseife.)

Untersuchungsmethode: Quecksilberbestimmung wie in den vorjährigen Annalen, S. 283 angegeben und mikrometrische Messung.

Untersuchungsresultate:

Nr.	%$_0$ Hg	Maximalzahl μ
1	36,44	5,40
2	36,65	6,75

Der Quecksilbergehalt war in beiden Fällen etwas hoch, wurde aber nicht beanstandet.

Succus-Präparate.

Succus Liquiritiae depuratus D. A. IV.

(Gereinigter Süssholzsaft.)

Untersuchungsmethode: siehe Helfenberger Annalen 1897, S. 387 und nach dem D. A. IV.

Untersuchungsresultate:

Nr.	%$_0$ Feuchtigkeit	%$_0$ Asche	%$_0$ Glycyrrhicin	Bemerkungen
1	28,47	8,09	15,20	Hielt die Chlorammoniumprobe aus und entsprach auch sonst dem D. A. IV.
2	27,97	8,82	15,40	„
3	28,69	8,09	17,24	„
4	28,19	10,52	22,60	„

Succus Sambuci inspissatus.

(Fliedermus.)

Untersuchungsmethode: siehe Helfenberger Annalen 1897,
S. 387 und nach dem D. A. IV.

Untersuchungsresultate:

Fliedermus kam im Berichtsjahre einmal zur Prüfung
und gab folgende mit Untersuchungen früherer Jahre übereinstimmende Werte:

23,93 % Feuchtigkeit

5,43 % Asche

24,48 % Invertzucker.

Tincturae.

(Tinkturen.)

Untersuchungsmethode: siehe Helfenberger Annalen 1897,
S. 389 und 390 und nach dem D. A. IV.

(Bei den Opiumtinkturen verfahren wir in Zweifels-
fällen auch noch nach E. Dieterich, titrieren jedoch
das gewichtsanalytisch gewonnene Morphin in einem
zweiten Kontrollversuch nach dem D. A. IV.)

Untersuchungsresultate:

Tinctura	Nr.	Spez. Gew. bei 15° C.	% Trocken- rückstand	Besondere Bestimmungen	Kapillar- Analyse nach Kunz- Krause
Arnicae D. A. IV.	1	0,9000	1,57	E. s. d. A. d. D. A. IV.	normal
Aurantii D. A. IV.	1	0,9160	5,83	,,	,,
Chinae comp. D. A. IV.	1	0,9190	4,61	,,	,,
,,	2	0,9178	5,08	,,	,,
,,	3	0,9190	5,45	,,	,,
,,	4	0,9178	4,98	,,	,,

Tinctura	Nr.	Spez. Gew. bei 15° C.	% Trocken- rückstand	Besondere Bestimmungen	Kapillar- Analyse nach Kunz- Krause
Chinae comp. D. A. IV.	5	—	5,01	E. s. d. A. d. D. A. IV.	normal
„	6*	—	4,57	„	„
„	7	—	4,64	„	„
„	8	—	5,10	„	„
„	9	—	4,77	„	„
Chinioïdini Ph. G. II.	1	0,9255	10,54	E. d. A. d. Ph. G. II.	„
Digitalis D. A. IV.	1	0,9067	2,86—2,92	0,33% Asche E. s. d. A. d. D. A. IV.	„
Ferri pomata D. A. IV.	1	1,023	7,11	„	„
Gentianae D. A. IV.	1	0,919	6,92	„	„
Myrrhae D. A. IV.	1	0,850	5,18	„	„
Opii crocata D. A. IV.	1	0,9831	7,53	1,00% Morphin E. s. d. A. d. D. A. IV.	„
Opii simplex D. A. IV.	1	0,9765	5,02	1,00% Morphin E. s. d. A. d. D. A. IV.	„
„	2	0,9766	6,11	1,04% Morphin E. s. d. A. d. D. A. IV.	„
Rhei aquosa D. A. IV.	1	1,010	4,22	„	„
Strophanti D. A. IV.	1	0,901	1,30	„	„
Zingiberis D. A. IV.	1	0,901	1,36	„	„
„	2	0,899	1,22	bis auf hellere Farbe	„ *)

*) Bis auf den oberen Rand. Dies hatte seinen Grund darin, dass die Tinktur irrtümlich aus geschältem und nicht wie das deutsche Arzneibuch vorschreibt aus ungeschältem Ingwer hergestellt war.

Die mit * bezeichneten Tinkturen sind zu beanstanden.

Unguenta concentrata.

(Konzentrierte Salben.)

Untersuchungsmethode: siehe Helfenberger Annalen 1897, S. 390.

Untersuchungsresultate:

Unguentum — concentratum		Nr.	Maximalzahl μ
Acidi borici	Acid. boric. 3 / Ungt. Paraffini 4	1	175,50
„ „		2	222,75
„ „		3	139,05
„ salicylici	Acid. salicylic. 2 / Ungt. Paraffini 1	1	140,40
„ „		2	105,30
Bismuti subnitrici	Bismuti subn. 2 / Ungt. Paraffini 1	1	79,65
Cerussae	Cerussae 3 / Ungt. Paraffini 1	1	37,00
„		2	43,20
„		3	20,25
Chrysarobini	Chrysarobini 1 / Ungt. Paraffini 1	1	62,10
„		2	67,50
„		3	58,05
Hydrargyri album	Hydr. praec. alb. 2 / Ungt. Paraffini 1	1	2,70
„ „		2	9,45
„ „		3	8,10
„ „		4	5,40
„ rubrum	Hydr. oxyd. rubr. 2 / Ungt. Paraffini 1	1	62,10
„ „		2	59,40

Unguentum — concentratum		Nr.	Maximalzahl μ
Jodoformii	{ Jodoformii 2 } { Ungt. Paraffini 1 }	1	85,05
Resorcini	{ Resorcini 2 } { Ungt. Paraffini 1 }	1	75,60
„		2	87,75
„		3	78,30
sulfuratum	{ Sulfur 2 } { Ungt. Paraffini 1 }	1	51,30
„ compositum	{ Sulfur 1 } { Zinc. sulfur. 1 } { Ungt. Paraffini 1 }	1	48,60
„ „		2	37,80
Zinci a	{ Zinci oxydat. 1 } { Adipis 1 }	1	4,05
„		2	5,40
„		3	1,35
Zinci b	{ Zinci oxydat. 1 } { Adipis benzoat. 1 }	1	2,70
Zinci c	{ Zinci oxydat. 1 } { Ungt. Paraffini 1 }	1	5,40
„		2	6,75
„		3	2,70
„		4	4,05

Unguenta Hydrargyri cinerea.

(Quecksilbersalben.)

Untersuchungsmethode: siehe Helfenberger Annalen 1897, S. 390 und nach dem D. A. IV.

Untersuchungsresultate:

Unguentum Hydrargyri	Nr.	% Hg	Maximal-zahl μ
cinereum D. A. IV.	1	33,41	5,40
„	2	33,16	5,40
„	3	33,21	5,40
„	4	33,67	6,75
„	5	33,69	6,75
cinereum durum $33^1/_3$ %	1	33,18	6,70
„	2	33,34	5,40
„	3	33,27	6,70
„	4	33,29	6,70
„	5	33,37	5,40
„	6	32,94	5,40

Beanstandet wurden:

	Nr.	% Hg	
cinereum durum $33^1/_3$ %	1	31,68	—
„	2	31,92	—
„	3	32,34	—
„	4	32,28	—
„	5	32,78	—
,	6	32,48	—
„	7	32,83	—

Untersuchungen technischer Artikel.

Crême de savon

Seifen-Crême au baume de judée par Houbigant, Paris
faub. St. Honorée 19.

Die im Vorjahre ausgeführte Analyse einer als Seifen-Creme
bezeichneten überfetteten Kaliseife ergab folgende genaueren
Resultate: 49,96 % Fettsäuren als Seife
                    6,27 % Fett
                    36,67 % flüchtige Bestandteile
                    7,13 % Kalium.

Gefrierschutzflüssigkeit.

Schutzmittel gegen das Eingefrieren von Acetylen- und Leucht-
gasbehältern, in den Handel gebracht von der Chemischen
Fabrik Flörsheim a. M. Dr. H. Noerdlinger.

Die Gefrierschutzflüssigkeit stellt durchgeschüttelt ein
trübes Liquidum dar, welches sich nach einigem Stehen in
eine wässerige und eine ölige Schicht sondert, die behufs
näherer Untersuchung, durch Filtration von einander getrennt
wurden. Beim Erwärmen derselben macht sich ein schwacher
Geruch nach Petrolaether und Kampfer bemerkbar.

Das spez. Gewicht des Filtrates (der wässerigen Flüssigkeit) beträgt 1,2945 bei 15° C. Der Trockenrückstand desselben
bei 105° C. beträgt 37,65% und besteht hauptsächlich aus
Chlorcalcium, welches zu 30,32% bestimmt wurde. (1,4568 g
Gefrierschutzflüssigkeit ergaben 0,2318 g CaO.)

Ausser Calcium konnten nur noch Spuren von Magnesium
nachgewiesen werden; welche wohl als Verunreinigungen des
zur Herstellung sicher verwendeten rohen Chlorcalciums
angesehen werden können.

Die Menge des aus 1 l Gefrierschutzflüssigkeit abge-
schiedenen Öles betrug 11,8382 g. Es war von hellbrauner
Farbe, erinnerte an gelbes Vaselinöl und war fast neutral.

Die Gefrierschutzflüssigkeit stellt also eine 30%ige rohe
Chlorcalciumlösung dar, welche mit etwa 1% gelbem Vaselinöl
versetzt ist.

Klebmittel „Norin".

Das Norin stellt eine weisse pastenähnliche Masse von starkem Geruch nach Dextrin und reiner Carbolsäure dar. In heissem Wasser löst es sich klar und vollständig auf, die Lösung riecht deutlich nach Phenol und schwach nach Kampher, mit Eisenchlorid gibt sie die Phenolreaktion und mit Jod zeigt die Lösung die Anwesenheit von Stärke an.

Auf eine Glasplatte gestrichen, trocknet Norin sehr schnell ein. Wir bestimmten den Verlust bei 100^{0} C. zu $43{,}01\,^{0}/_{0}$ und den Aschengehalt zu $0{,}193^{0}/_{0}$.

Darnach stellt das Klebmittel „Norin" eine Verreibung oder Lösung von Dextrin in $^{1}/_{3}$ Gewichtsteil Wasser dar, welche behufs Konservierung geringe Zusätze von Phenol und Kampher enthält.

Die Klebkraft von Papier, welches mit Norin bestrichen wurde, war sowohl auf Glas, als auch auf Holz eine gute.

Reinigungspulver für verunreinigte Stereotypie- und Setz-Maschinen-Metalle.

Dasselbe stellt ein weisses in Wasser lösliches Pulver dar, welches per kg mit 1,25 Mk. verkauft wird.

Die Analyse desselben ergab, dass dasselbe wie folgt zusammengesetzt war:

$7{,}20\,^{0}/_{0}$ Kalisalpeter (KNO$_3$)
$61{,}50\,^{0}/_{0}$ Soda (Na$_2$CO$_3$)
$12{,}62\,^{0}/_{0}$ Borax (Na$_2$B$_4$O$_7$)
$18{,}68\,^{0}/_{0}$ Wasser (H$_2$O).

Rostschutzfarben.

Im Berichtsjahre kamen je eine Probe hellgraue, rote und schwarze Rostschutzfarbe zur Untersuchung. Wir begnügten uns mit der Ermittelung der Hauptbestandteile und geben im folgenden die erhaltenen Resultate monographisch an.

A) Hellgraue Rostschutzfarbe:

22,76 % Verlust bei 100° C.
77,24 % Trockenrückstand
55,60 % Asche
39,95 % Baryumsulfat
14,87 % Schwefelzink.

Dürfte ein mit Benzol hergestellter Bernsteinlack mit Lithopone sein, beim Verbrennen riecht derselbe nach Bernstein.

B) Rote Rostschutzfarbe:

23,15 % Verlust bei 100° C.
76,85 % Trockenrückstand
53,88 % Asche
31,32 % Eisenoxyd
22,56 % Thon.

Dürfte ein mit Benzol hergestellter Eisenmennig-Bernsteinlack sein.

C) Schwarze Rostschutzfarbe:

40,04 % Verlust bei 100° C.
59,96 % Trockenrückstand
0,00 % Asche

Dürfte Asphalt-Bernsteinlack sein.

Victoria-Matrizenpulver.

Vorliegendes Pulver war von schwach gelblicher Farbe und hatte einen deutlichen Geruch nach Dextrin und Zimmtöl. In Wasser war es nur teilweise löslich, wurde es damit zu einer Paste verrieben, so erhärtete die Masse nach kurzer Zeit. Bis zur Gewichtskonstanz geglüht, hinterblieb ein rein weisser Rückstand, von dem sich nur wenig in konzentrierter Salzsäure löste. Wurde der Glührückstand mit Kali- oder Natriumkarbonat aufgeschlossen, so konnten in ihm nur Calcium und Spuren von Natrium nachgewiesen werden, die Prüfung auf Säuren ergab nur die Anwesenheit von Schwefelsäure.

Der wasserlösliche Anteil des Pulvers zeigte deutlichen Geruch nach Dextrin. Mit Alkohol versetzt, fiel ein reichlicher Niederschlag, der auf einem Filter gesammelt und mit Alkohol ausgewaschen wurde. Wiederum in Wasser gelöst und mit einigen Tropfen Jodlösung versetzt, trat eine blaue Färbung der Lösung ein, was für die Anwesenheit von Stärke resp. technisch reinem Dextrin spricht.

Von den vegetabilischen Anteilen des Pulvers konnten mit einiger Sicherheit nur die Gewebselemente der Zimmtrinde mikroskopisch festgestellt werden. Der Glührückstand betrug 39,46—41,19 %.

0,5686 g Matrizenpulver in einer Platinschale verascht, ergaben bei der Bestimmung des als einzige Base gefundenen Calciums 0,0769 g CaO, welches auf Calciumsulfat umgerechnet einen Prozentgehalt von 41,52% ergibt. Die vegetabilischen Bestandteile sind zu ungefähr 10 % vorhanden. Demnach dürfte die Zusammensetzung des Matrizenpulvers ungefähr folgende sein:

$$
\begin{aligned}
&\text{Calciumsulfat} &&41{,}52 \\
&\text{Zimmtrindenpulver} \sim &&10{,}00 \\
&\text{Dextrin} &&48{,}48
\end{aligned}
$$

Der Preis dieser Zusammensetzung betrug 8 Mk. per kg.

Über Westrumit.

Ein Beitrag zur Lösung der Staubfrage.

Wenn ich diese Zeilen über Westrumit, das bekannteste
Anti-Staubmittel, der Öffentlichkeit übergebe, so beabsichtige
ich weder für dieses Präparat Reklame zu machen, noch habe
ich irgend welche andere Interessen daran, als die: auch durch
Mitteilung meiner teils praktischen, teils wissenschaftlichen
Versuche ein Scherflein zur Lösung der wichtigen Staubfrage
beizutragen.

Ich schicke als alter Automobilfahrer voraus, dass ich
sowohl die Lage und Richtung des Auspuffs, wie die Breite
der Pneumatiks, wie den durch den Wagen erzeugten Zug
unter dem Chassis und den entstehenden luftleeren Raum
hinter dem schnellfahrenden Wagen, wie überhaupt die grössere
Geschwindigkeit des Kraftwagens für die oft enorme Staubentwicklung verantwortlich mache. Meiner Ansicht nach ist
für die Lösung der Frage der Staubbeseitigung als sehr wichtig
vorauszuschicken: Solange wir verschiedene Strassen mit
verschiedenem Untergrund von verschiedener Beschaffenheit haben, solange die klimatischen Verhältnisse
von so starkem Einfluss sind, wie jetzt, solange wird die Be-
seitigung des Staubes auch nicht immer durch ein einziges
Mittel möglich sein, sondern nur durch mehrere, dem Individuell
der Strassen angepasste Staubbindungsmittel und vor allem
durch die Verbesserung des Strassenuntergrundes selbst. Alle
bisher versuchten Präparate gehen darauf aus, den Staub zu
binden oder feucht zu halten, sie wirken also teils physikalisch,
teils chemisch. Das einzige Mittel, welches überall, aber nur
sehr kurz wirkt und welches im vergangenen Sommer sehr rar

war, das ist Wasser! Solange wir keine ganz harten Strassen
besitzen, und die Verbesserung und Umarbeitung der Strassen
ist nicht so leicht und so schnell durchzuführen, solange sich
durch den Fahrverkehr Teile der Strasse in Pulver ver-
wandeln, solange sind wir auch gezwungen, mit dem Staub
zu rechnen, trotzdem für die Bildung des Staubes das Automobil mit seinen weichen Gummi-Pneumatiks am wenigsten
verantwortlich zu machen ist. An der Aufwirblung des Staubes
und den damit verbundenen Gefahren ist es allerdings ohne
Zweifel in hohem Masse beteiligt. Allerdings ist auch hier
einzuwenden, dass auf schlecht gesprengten Dorf- und Land-
strassen auf 100 Wagen täglich kaum 2—3 Automobile kommen.
Da aber zu erwarten ist, dass die Zukunft mit dem als Ver-
kehrsmittel dienenden Automobil, und somit auch mit seiner
Staubentwicklung zu rechnen hat, so muss jeder Kraftfahrer
in seinem Interesse möglichst dazu beitragen, die Staubplage
auf ein geringes Mass herabzudrücken. Dies geht, solange
nicht alle Strassen durch entsprechende Umarbeitung oder
Besprengung mit staubbindenden Mitteln staubfrei gemacht
sind, nur durch langsames, vernünftiges Fahren! Nun
zu den Versuchen mit Westrumit! Der Grund, warum ich
gerade mit diesem Präparat Versuche angestellt habe, ist der,
dass sich das Westrumit von allen bisherigen Mitteln in Bezug
auf Wirkung und Billigkeit relativ am besten bewährt hat.
Hat es doch beim Gordon Bennett-Rennen einen hervorragenden
Erfolg erzielt. Ich sage „relativ", weil die Wirkung des
Westrumit zweifellos auch mit der Verbesserung der Strassen
noch zunehmen wird, seine Wirkung also eine noch intensivere
und dauerndere werden dürfte.

Ich habe nun mit der Westrumitflüssigkeit sowohl die
Kommunalstrasse von Helfenberg nach Niederpoyritz vorüber
an unserer Fabrik, wie auch die Niederpoyritzer Staatsstrasse
sprengen lassen und zwar zweimal mit 10%iger, einmal mit
5%iger Lösung.

Die Wirkung des Westrumits ist nun eine ganz hervor-
ragend charakteristische. Das freie Ammoniak, welches
vom antibakteriellen Standpunkt aus nicht zu unterschätzen
ist, sorgt mit dem Wasser für eine Aufschliessung des Bodens,

und die Ölkügelchen hüllen die Staubteile ein. Verdunstet nun das Ammoniak und das Wasser, so bleiben alle die zusammengeklebten Staubteile als schwerere Partikelchen liegen, die auch bei langem Liegen in der Sonne durch den klebenden Ölüberzug — letzterer verdunstet nicht, wie Wasser — in einer bestimmten spezifischen Schwere gehalten werden und auch noch längere Zeit durch diese Schwere und die klebende Adhäsion von den Rädern nicht mehr so stark vom Boden aufwirbelt werden können, wie der gewöhnliche Staub. Meine praktischen Versuche ergaben, dass sich in Bezug auf das rasche Eindringen in den Boden und eine noch schnellere Bindung ein Zusatz von 2—3% Schmierseife zur Mischung sehr empfiehlt. Auch die Ausgiebigkeit wird hierdurch nur erhöht.

Von einer Schlammbildung konnte weder sofort nach der Sprengung, noch nach starkem Gewitterregen irgend etwas wahrgenommen werden, es war vielmehr zu beobachten, dass über der Westrumitdecke das Wasser besser ablief, als von der gewöhnlichen Strasse.

Um nun über die Art der Wirkung des Westrumits, seine Ausgiebigkeit, Haltbarkeit und über die Art der westrumitierten Strasse im Gegensatz zur nicht behandelten Strasse ein Bild zu bekommen, habe ich mehrere Analysen ausgeführt und zwar von:

1. Strassenstaub der gewöhnlichen, nicht westrumitierten Strasse,

2. Strassenstaub der westrumitierten Strasse (zweimal mit 10%iger, einmal mit 5%iger Lösung behandelt) frisch nach einem Tag entnommen,

3. Strassenstaub der westrumitierten Strasse (zweimal mit 10%iger und einmal mit 5%iger Lösung) nach drei Wochen entnommen, währenddessen zweimal Gewitterregen, sonst direkte Sonne.

Die Proben des Staubes wurden so entnommen, dass in der Länge von ca. 20 Metern jedesmal auf einem Quadratmeter mehrere kleinere Proben entnommen und das so gewonnene Durchschnittsmuster abgesiebt, von Pferdedünger, Blättern und mechanischen Verunreinigungen befreit und nun lufttrocken zur Analyse verwendet wurde.

Vorher wurde das spezifische Gewicht des Original-westrumits (noch unvermischt, also nicht die zum Sprengen fertige, wässerige Mischung, sondern das Grundpräparat, wie es in Fässern in den Handel kommt) bestimmt und zu 0,983 bei 15° C. gefunden. Der Gehalt an freiem Ammoniak betrug in 100 ccm 0,80 g NH_3 und der Trockenrückstand nach 6stündigem Trocknen bei 100° C. 28,78 %.

Die Staubproben wurden nach folgender Richtung hin analysiert:

1. Spezifisches Gewicht,
2. Feuchtigkeitsgehalt,
3. Wässeriges Extrakt,
4. Alkoholisches Extrakt,
5. Ätherisches Extrakt,
6. Volumen.

Die diesbezüglichen Resultate sind in folgender Tabelle vereinigt:

	I	II	III
	Gewöhnlicher Strassenstaub	Westrumit-Strassenstaub frisch	Westrumit-Strassenstaub 3 Wochen alt
% Feuchtigkeit	0,491	0,998	0,934
% wässeriges Extrakt	0,208	0,484	0,420
% alkoholisches Extrakt	0,067	1,601	0,977
% ätherisches Extrakt	0,092	1,908	1,015
Spez. Gewicht	2,432	2,305	2,290
220 ccm fassen x Gramm Staub	275,7	262,8	258,0

Zu diesen Befunden ist folgendes zu bemerken:

Spezifisches Gewicht: Wenn man auf einer westrumitierten Strasse fährt, so gewinnt man den Eindruck, als ob der Staub, der nur wenig über den Erdboden emporgerissen wird, um dann schwer zu Boden zu fallen, ein recht schweres, spezifisches Gewicht habe, jedenfalls ein schwereres als

der gewöhnliche Staub ohne Westrumit. Das spezifische
Gewicht ist aber bei letzterem am höchsten, während es bei
frischem Westrumitstaub sinkt und bei älterem Westrumitstaub am niedrigsten ist. Es geht hieraus hervor, dass die
Wirkung des Westrumits nicht in einer Beschwerung des
Staubes, in einer Umwandlung in spezifisch schwerere Körper
beruht, sondern vor allem in seiner Kleb- und Bindekraft.
Die einzelnen Staubteilchen werden durch das Öl und
Wasser wohl spezifisch leichter, sie werden aber zu
grösseren Körnern zusammengeklebt und können dann
trotz der leichteren Gewichte der Einzelstaubteilchen nicht
mehr so hoch gerissen werden, wie der gewöhnliche Staub.
Auch nach 3 Wochen, nach zweimaligem Gewitterregen, ist
von der bindenden Ölhülle nur wenig verdunstet; das Öl klebt
also nicht nur die Staubpartikelchen zusammen, sondern hält
sie auch feucht. Um dies einwandsfrei nachzuprüfen, wurde
auch der Feuchtigkeitsgrad bestimmt.

Der Feuchtigkeitsgrad: Der frische Westrumitstaub zeigt
fast den doppelten Feuchtigkeitsgrad wie der gewöhnliche
Staub, trotzdem die klimatischen Einflüsse, besonders die
Sonne, von gleicher Einwirkungsdauer waren. Die grosse
Beständigkeit des Feuchtigkeitsgrades ist also für die
Haltbarkeit und die lange Wirkungsdauer des Westrumits
von hervorragender Bedeutung. Der Feuchtigkeitsgehalt des
frischen und des 3 Wochen alten Westrumitstaubes ist nur
wenig unterschieden. 3 Wochen haben also die Westrumitdecke nur wenig verändert, wie auch die geringen Unterschiede
im spezifischen Gewicht schon gezeigt haben. Es scheint
somit auch ein Teil des vom fein verteilten Öl mit ein-
geschlossenen Wassers sehr widerstandsfähig gegen die Sonnen-
wärme zu sein.

Extrakte: Der Gang der Zersetzung des Westrumits, die
Zersetzung der organischen Teile und damit die Abnahme
der Wirkung dürfte nach diesen Versuchen so vor sich gehen,
dass zuerst das Ammoniak, dann allmählich das Wasser verdunstet und schliesslich das Öl zersetzt wird und dann die
zusammengeklebten Staubteile wieder trocken werden und zer-
fallen. Um nun zu untersuchen, inwieweit schon die Zer-

setzung von Ammoniak, Ammonikseife und Öl vor sich ge-gangen war, wurde der 3 Wochen alte, der frische und der nicht behandelte Staub mit Äther, Alkohol und Wasser extrahiert. Man sieht, dass zwischen dem 3 Wochen alten und dem frischen Westrumitstaub verhältnismässig geringe Unterschiede vorhanden sind. Das Öl, durch Äther aus-gezogen, ist auch nach 3 Wochen noch in der zehnfachen Menge des gewöhnlichen Staubextraktes vorhanden, ebenso, wenn nicht noch günstiger, liegen die Verhältnisse beim alkoholischen und beim wässrigen Extrakt. Alle diese Zahlen beweisen so recht die langanhaltende Wirkung des Westru-mits, die auch noch besser sein wird bei kühlem sonnenfreiem Wetter und festerem Untergrund der Strasse.

Volumen. Hand in Hand mit dem spezifischen Gewicht steht auch die Bestimmung des Volumens; der gewöhnliche, feinkörnige Strassenstaub ohne Westrumit als der spezifisch schwerste ergibt für ein Gefäss von 200 ccm 275,7 g, der frische Westrumitstaub mit viel Öl und Wasser naturgemäss die geringere Menge von 262,8 g und der ältere Westrumit-staub nur 258,0 g Gewicht.

Wenn auch diese Verhältnisse gewisse kleine Variationen bei anders gearteten Strassen ergeben werden und diese Resultate keine absolute Allgemeingültigkeit beanspruchen, so glaube ich doch analytisch und praktisch bewiesen zu haben, dass das „Westrumit" durch seine gute Bindekraft, seine lange Haltbarkeit, seine Ausgiebigkeit und Billig-keit ein hervorragendes Mittel gegen die Staubplage genannt werden muss.

Da der Staub nicht nur deshalb eine Plage ist, weil er die Menschen auf der Strasse beschmutzt, also vom ästhe-tischen Standpunkt bekämpft werden muss, sondern weil er auch hygienisch, vom bakteriologischen Standpunkt grosse Gefahren für den Menschen mit sich bringt, so musste die Wirkung des Westrumits noch nach der bakteriologischen Seite untersucht werden. Die zur Ermittlung der vorhandenen lebensfähigen Keime angelegten Plattenkulturen ergaben für Milligramm Staub:

1. Staub ohne Westrumit . . . . . .　5005 Keime
2. Staub mit Westrumit 3 Wochen alt　5608　　„
3. Staub mit Westrumit frisch . . .　4125　　„

Es ergibt sich hieraus, dass das frische Westrumit durch das freie Ammoniak stark antibakteriell wirkt, während mit dem Verdunsten des Ammoniaks diese keimtötende Eigenschaft wieder abnimmt. Es hat dies jedoch dann nichts mehr zu sagen, da die bindende Eigenschaft vom Westrumit dafür sorgt, dass die Keime nicht mehr in die Luft hinausgetragen werden können.

K. D.

Inhalts-Verzeichnis.